OPUSCULES

ENTOMOLOGIQUES

PAR

E. MULSANT

Sous-Bibliothécaire de la ville de Lyon ,
Professeur d'histoire naturelle au Lycée,
Président de la Société Linnéenne ,
Membre de l'Académie des Sciences, Belles-Lettres et Arts
et des Sociétés d'Agriculture et Littéraire
de la même ville , etc., etc.

NEUVIÈME CAHIER.

PARIS

MAGNIN , BLANCHARD ET Cᵉ, LIBRAIRES ,

rue Honoré-Chevalier, 3 , près la place St-Sulpice.

1859.

OPUSCULES

ENTOMOLOGIQUES.

OPUSCULES

ENTOMOLOGIQUES

PAR

E. MULSANT

Sous-Bibliothécaire de la ville de Lyon ,
Professeur d'histoire naturelle au Lycée,
Président de la Société Linnéenne ,
Membre de l'Académie des Sciences, Belles-Lettres et Arts
et des Sociétés d'Agriculture et Littéraire
de la même ville , etc., etc.

NEUVIÈME CAHIER.

PARIS

MAGNIN, BLANCHARD et Cᵉ, LIBRAIRES,

rue Honoré-Chevalier, 3 , près la place St-Sulpice.

1859.

A Monsieur

GEORGE ROBERT WATERHOUSE

Écuyer,

Membre de la Société entomologique de Londres, etc. etc.

Monsieur,

La science vous doit, en dehors de vos autres travaux, la classification
la plus naturelle qui a été donnée jusqu'à ce jour sur les derniers Mélasomes.
Vos communications bienveillantes ont contribué à rendre moins défec-
tueux les essais que mon ami M. Rey et moi avons publiés sur ces insectes.

Puissiez-vous voir dans l'hommage de ces pages, que j'ose vous adresser,
le témoignage des sentiments de reconnaissance et d'estime, avec lesquels

J'ai l'honneur d'être,

Monsieur,

Votre tout dévoué,

E. MULSANT.

Lyon, le 10 mai 1859.

TABLE DES MATIÈRES.

LYON. — Imp. BARRET, rue Gentil, 4.

DESCRIPTION

DE

QUELQUES CURCULIONITES

NOUVEAUX OU PEU CONNUS,

PAR

E. MULSANT et Cl. REY.

Présenté à la Société impériale d'agriculture, d'histoire naturelle et des arts utiles de Lyon, dans la séance du 9 mars 1858.

Tropideres maculosus.

Oblongus, subcylindricus, opacus, niger, cinereo-pubescens; maculis obscurioribus subdenudatis, mediâ suturali, communi, maximâ, variegatus. Scutello albicante; pedibus totis nigris; antennis brevibus, basi piceis.

Longueur $0^m,003$ (1 ligne 1/3). — Largeur $0^m,0017$ (3/4 ligne).

♂ *Troisième et quatrième arceaux du ventre* resserrés dans leur milieu, profondément sinués à leur bord apical : le *dernier* aussi resserré dans son milieu que le précédent, non prolongé, sinué ou échancré à son sommet. *Pygidium* vertical.

♀ *Quatrième arceau ventral* seul resserré dans son milieu et profondément sinué à son bord apical : le *dernier* plus développé que le précédent, assez prolongé, largement arrondi au sommet. *Pygidium* subvertical.

Corps oblong, subcylindrique, noir, couvert d'une pubescence cendrée, couchée, interrompue par des taches plus dénudées ou d'un duvet plus obscur : la plus grande, oblongue, médiane, suturale, commune aux deux élytres.

1

Tête verticale, rugueusement ponctuée, noire, couverte de poils couchés d'un cendré blanchâtre et soyeux. *Front* légèrement convexe, un peu plus étroit que le diamètre transversal de l'œil. *Rostre* presque aussi large que la tête, court, déprimé, garni d'une pubescence un peu plus serrée que celle du front. *Parties de la bouche* d'un noir de poix, avec l'extrémité des mandibules un peu plus claire. *Yeux* très-grands, noirs, suborbiculaires, très-peu saillants.

Antennes grêles, assez courtes, dépassant à peine la base du prothorax; pubescentes vers l'extrémité; d'un noir de poix, avec les premier et deuxième articles ordinairement un peu plus clairs : le deuxième renflé, brièvement ovalaire; les troisième à cinquième assez allongés; les sixième à huitième médiocrement allongés, obconiques; la *massue* oblongue, de trois articles : l'intermédiaire transversal.

Prothorax un peu moins long que large à sa base, sensiblement plus étroit en avant qu'en arrière; tronqué au sommet, bissinué à son bord postérieur, légèrement arqué sur les côtés, faiblement convexe; finement, densement et rugueusement ponctué; d'un noir mat, avec une pubescence courte, couchée, d'un cendré soyeux, et disposée, chez les individus bien frais, suivant trois bandes longitudinales; l'une médiane, les deux autres latérales. La carène transversale de la base est assez éloignée de celle-ci, et profondément bissinuée.

Ecusson suborbiculaire, garni d'une pubescence serrée, blanchâtre.

Elytres deux fois et demie plus longues que le prothorax; un peu plus larges que lui à la base; légèrement resserrées sur les côtés derrière les épaules qui sont arrondies; subparallèles dans le reste de leur longueur; simultanément échancrées à la base vers l'écusson; individuellement arrondies au sommet ainsi qu'aux angles postéro-externes, avec l'angle sutural très-obtus ou à peine arrondi; faiblement convexes, assez fortement striées-ponctuées, avec les *intervalles* rugueusement ponctués, subconvexes à la base et presque plans à l'extré-

mité; noires; couvertes d'une pubescence soyeuse d'un cendré blanchâtre, et variées de taches brunes ou dénudées :
la principale, grande, oblongue, commune aux deux élytres
et occupant le milieu de la suture : une deuxième, assez
grande, arrondie, située un peu derrière le milieu de la base
de chaque élytre : les autres, notablement moindres, disper-
sées irrégulièrement sur le reste du disque. *Calus huméral*
est saillant, toujours dénudé.

Pygidium scutiforme, arrondi à son extremité; rugueusement et densement ponctué; noir, avec quelques poils brillants, très-courts, grisâtres.

Dessous du corps assez convexe; finement et densement
ponctué; couvert d'une pubescence d'un cendré blanchâtre,
un peu plus longue et plus serrée sur les côtés.

Pieds assez courts, légèrement pubescents, obsolètement
ponctués; noirs, avec les tarses et la base des tibias souvent
d'un noir de poix obscur. *Cuisses* peu renflées. *Tarses* allongés.

Patrie : Lyon, Cluny, Tournus, Morgon (Beaujolais).

Obs. Cette espèce ressemble beaucoup au *Tropideres
cinctus*, Pk. Mais elle est d'une taille plus ramassée; les antennes, beaucoup moins longues, ont leur second article
proportionnellement beaucoup plus court, ce qui le fait
paraître plus renflé; les articles intermédiaires sont aussi
beaucoup moins allongés, ainsi que la massue dont l'article
intermédiaire est sensiblement transversal. Les élytres sont
différemment tachées. Enfin les cuisses intermédiaires des ♂
ne sont nullement dilatées en oreillette.

Elle se distingue facilement du *Tropideres pudens*, Sch.
par son rostre plus court et non resserré à la base.

Apion detritum.

*Oblongum, convexum, ferè glabrum, subopacum, nigrum. Prothorace
subcylindrico, basi sulcato, sparsìm punctato; fronte sulcis duobus brevissimis, profundis, postice confluentibus, insculptâ; antennis subincrassatis;*

*pedibus elongatis ; rostro longo, subtenui , arcuato ; elytris evidentèr punc-
tato-sulcatis, interstitiis planis , substrigosis.*

Long. 0m,0025 (1 l.). — Larg. 0m,001 (1/3 l.).

Corps oblong; convexe; presque glabre; d'un noir peu
brillant.

Tête transversale; très-faiblement chagrinée; d'un noir mat.
Col renflé, convexe, plus large que la tête et les yeux réunis;
d'un noir assez brillant; presque lisse ou très-finement et
obsolètement ridé en travers. *Front* subdéprimé; marqué de
deux sillons très-courts et profonds, postérieurement réunis.
Rostre presque aussi long que la moitié du corps, assez épais,
assez fortement arqué; noir, opaque; très-obsolètement chagriné à la base; assez brillant et presque lisse à partir de
l'insertion des antennes jusqu'au sommet. *Parties de la bouche* d'un brun de poix. *Yeux* orbiculaires, assez saillants;
brunâtres.

Antennes assez fortes; atteignant à peine la base du prothorax; insérées près de la base du rostre; noires, légèrement pubescentes ; à articles basilaires du funicule épaissis ;
à *massue* oblongue acuminée.

Prothorax un peu plus long que large; peu convexe; subcylindrique; d'un noir peu brillant; finement chagriné, parsemé en outre de points assez grossiers, mais peu profonds
et peu serrés; marqué à la base d'un sillon longitudinal assez
profond, mais étroit, ne dépassant pas le tiers postérieur;
garni, sur les côtés, de quelques poils blanchâtres rares,
insérés dans les points enfoncés.

Ecusson triangulaire, oblong; d'un noir peu brillant; presque lisse.

Elytres deux fois et demie plus longues que le prothorax,
beaucoup plus larges que lui à leur base; à *épaules* largement
arrondies et peu saillantes; allant insensiblement en s'élargissant jusqu'aux deux tiers postérieurs, puis se rétrécissant
assez brusquement, en s'arrondissant, jusqu'au sommet;

très-convexes, surtout en arrière ; d'un noir peu brillant, un peu bleuâtre ; marquées de stries canaliculées assez fortes et visiblement ponctuées, avec les *intervalles* plans, assez larges, obsolètement ridés en travers.

Dessous du corps assez convexe ; d'un noir assez brillant ; fortement ponctué, d'une manière assez serrée sur la poitrine, un peu plus lâche sur le ventre.

Pieds allongés ; finement chagrinés ; noirs ; garnis de poils blanchâtres, couchés, peu serrés. *Cuisses* grêles à la base, épaissies avant leur extrémité.

PATRIE : Marseille. Juin. Très-rare.

Obs. On prendrait aisément cette espèce pour une variété épilée de l'*Apion confluens*, Sch., auquel elle ressemble beau-coup, et dont elle ne diffère que par son rostre plus long et plus grêle, et par les sillons du front beaucoup plus profonds et plus courts.

Apion parvulum.

Elongatum , convexum, albido-pilosellum, nigrum, opacum. Prothorace subcylindrico, fortitèr rugoso-punctato, basi tenuitèr sulcato ; fronte co-riaceâ ; antennis brevibus, basi piceis ; pedibus subelongatis. Rostro parùm producto, subincrassato, levitèr arcuato. Elytris fortitèr sulcato-punctatis, insterstitiis angustis, planis.

Long. 0^m,0018 (2/3 l.). — Larg. 0^m,0007 (1/4 l.).

♂ *Rostre* un peu plus long que la tête ; opaque à la base, brillant vers le sommet.

♀ *Rostre* deux fois plus que la tête ; assez brillant dans toute son étendue.

Corps allongé ; assez convexe ; d'un noir peu brillant ; cou-vert de poils blanchâtres assez longs , peu serrés , longitu-dinalement ou obliquement couchés.

Tête presque en carré transversal ; subdéprimée ; très-fine-ment chagrinée ; rugueusement marquée de points épars et obsolètes ; d'un noir opaque , avec quelques longs poils blanchâtres, couchés, croisés, autour des yeux et sur le *front*. Celui-ci assez large, chagriné. *Rostre* subcylindrique ; assez épais ; légèrement arqué ; très-finement chagriné ; obsolètement et éparsement ponctué ; d'un noir plus ou moins opaque. *Parties de la bouche* couleur de poix. *Yeux* grands ; orbiculaires, peu saillants ; d'un noir profond.

Antennes courtes ; assez fortes ; n'atteignant point la base du prothorax ; insérées à la base du rostre ; à peine pubescentes ; noires, avec le *scape* et souvent la base du *funicule* d'une couleur de poix plus ou moins ferrugineuse ; celui-ci submoniliforme : la *massue* oblongue, acuminée.

Prothorax pas plus long que large ; peu convexe ; subcylindrique ou très-faiblement arrondi sur les côtés ; tronqué à la base et au sommet, à peine étranglé avant ce dernier ; d'un noir opaque ; finement et rugueusement chagriné, marqué de gros points enfoncés assez serrés ; couvert, surtout sur les côtés, de quelques poils blanchâtres couchés, paraissant naître du fond des points enfoncés ; présentant en outre vers la base un petit sillon longitudinal très-fin et ne dépassant pas le tiers postérieur.

Ecusson enfoncé, à peine visible.

Elytres oblongues ; trois fois plus longues que le pothorax ; beaucoup plus larges que lui à leur base ; à *épaules* peu saillantes et arrondies ; convexes ; subparallèles jusqu'aux deux tiers postérieurs de leur longueur, après lesquels elles se rétrécissent d'une manière arquée jusqu'au sommet, où elles sont simultanément arrondies ; marquées de stries canaliculées, ponctuées, assez fortes, et dont les *intervalles* sont plans, assez étroits et transversalement chagrinés ; d'un noir peu brillant, avec des séries de poils blanchâtres longitudinalement ou obliquement couchés, disposées l'une dans le fond des stries, et l'autre sur les intervalles. *Pygidium* caché par les élytres.

Dessous du corps assez convexe ; fortement et grossièrement ponctué ; d'un noir assez brillant ; garni d'une pubescence blanchâtre peu serrée : les deuxième, troisième et quatrième arceaux du ventre chagrinés, non ponctués, avec quelques rares poils blanchâtres.

Pieds assez allongés ; rugueusement chagrinés ; noirs ; garnis de poils blanchâtres couchés, peu serrés. *Cuisses* assez épaisses. *Tarses* assez courts.

Patrie : Lyon, Beaujolais.

Obs. Cette espèce se distingue de l'*Apion atomarium*, Kirby, par sa forme beaucoup plus étroite et par ses épaules moins saillantes, et de l'*Apion flavimanum*, Kirby, par ses pieds antérieurs concolores.

Apion semicyaneum.

Oblongum, subconvexum, subnitidum tenuitèr parciùs albido-pubescens, nigrum ; elytris violaceis, parum profundè sulcato-punctatis, interstitiis angustulis, planis ; capite prothoraceque punctatis, hoc lateribus levitèr ampliato, basi brevitèr sulcato. Antennis brevibus, pedibus subelongatis. Rostro brevi, subcylindrico, arcuato, punctulato.

Long. 0ᵐ,0023 (1 l.). — Larg. 0ᵐ,001 (1/3 l.).

♂ *Rostre* épais ; un peu plus long que la tête ; fortement arqué ; pointillé ; d'un noir opaque, avec une fossette oblongue, obsolète, sur son milieu.

♀ *Rostre* moins épais ; deux fois plus long que la tête ; médiocrement arqué ; pointillé ; d'un noir brillant ; sans fossette sur son milieu.

Corps oblong ; peu convexe ; d'un noir un peu opaque sur la tête et le prothorax ; d'un violet plus ou moins obscur sur les élytres ; garni d'une pubescence blanchâtre assez rare, très-fine et couchée.

Tête faiblement transversale ; subdéprimée ; très-finement chagrinée ; éparsement ponctuée ; d'un noir opaque, avec quelques poils blanchâtres sur les côtés et autour des yeux. *Front* large ; rugueux ; présentant quelques rides longitudinales obsolètes, très-fines, et quelques poils blanchâtres fins, couchés. *Rostre* subcylindrique; assez épais; sensiblement arqué; pointillé, et parsemé d'une légère et rare pubescence blanchâtre, brillante. *Parties de la bouche* d'une couleur de poix ferrugineuse. *Yeux* grands; suborbiculaires, peu saillants, brunâtres.

Antennes insérées vers la base du rostre; assez fortes; atteignant à peine le milieu du prothorax; légèrement pubescentes; noires; à *massue* elliptique; à premier article du *funicule* renflé, subglobuleux : les deuxième et troisième obconiques : les autres moniliformes.

Prothorax à peu près aussi long que large; légèrement convexe; tronqué à la base et au sommet; médiocrement étranglé avant ce dernier; assez arrondi sur les côtés après le milieu; très-finement chagriné; d'un noir peu brillant; offrant une ponctuation assez forte, peu profonde et assez serrée; garni, surtout sur les côtés, de quelques poils fins, couchés, blanchâtres et brillants; marqué à la base d'un sillon longitudinal profond, court, lancéolé.

Ecusson oblong; triangulaire; obscur; presque lisse.

Elytres trois fois plus longues que le prothorax; plus larges que lui à leur base; à *épaules* peu saillantes et largement arrondies; peu convexes; subparallèles jusqu'aux deux tiers postérieurs, après lesquels elles se rétrécissent d'une manière arquée pour aller s'arrondir simultanément au sommet; d'un violet plus ou moins obscur, quelquefois verdoyant, assez brillant, avec quelques poils fins, couchés, blanchâtres; marquées, en outre, de stries canaliculées, peu profondes, assez fortement ponctuées, subcrénelées. *Intervalles* plans; assez étroits; obsolètement ridés.

Dessous du corps peu convexe; d'un noir brillant; fortement et grossièrement ponctué; garni d'une pubescence blanchâtre fine et rare. Deuxième et troisième arceaux du ventre déprimés; non ponctués; subopaques; très-finement chagrinés.

Pieds assez allongés; obsolètement chagrinés; d'un noir brillant; garnis de poils blanchâtres peu serrés, bien visibles. *Cuisses* médiocrement renflées. *Tarses* assez courts.

Patrie : La Seyne, près Toulon. Juin. Rare.

Obs. Cette espèce doit être placée entre l'*Apion setiferum*, Sch., et l'*Apion lœvigatum* Kirby (*brunnipes*, Sch.).

Apion scalptum.

Elongatum, convexum, breviùs albido-pilosum, subopacum, nigrum. Fronte intrusâ; prothorace oblongo, subcylindrico, fortitèr rugoso-punctato, basi sulcato. Elytris sulcato-punctatis, interstitiis planis, latiusculis, rugulosis. Antennis validis, pedibus subelongatis. Rostro longo, arcuato, basi tumidulo.

Long. 0^m,003 (1 l. 1/4). — Larg. 0^m,0011 (1/3 l.).

♂ *Tibias antérieurs* arcuément dilatés vers le milieu de leur tranche interne; assez brusquement recourbés en dedans avant l'extrémité, où ils présentent une dent courte assez solide.

♀ *Tibias antérieurs* seulement légèrement sinués en dedans avant l'extrémité.

Corps allongé; assez convexe; d'un noir peu brillant; revêtu de poils couchés, blanchâtres.

Tête presque carrée; d'un noir peu brillant; fortement et rugueusement ponctuée; presque excavée entre les yeux, qui paraissent alors plus élevés que le front : sur celui-ci les points enfoncés se transforment en rides longitudinales plus ou moins visibles; garnie en outre de quelques poils courts, couchés, blanchâtres, un peu plus serrés vers le bord interne des yeux. *Rostre* arqué, presque aussi long que le prothorax; sensiblement renflé et angulairement dilaté à la base, subcylindrique dans le reste de sa longueur; très-obsolètement et éparsement pointillé; marqué en son milieu d'une fossette oblongue, peu visible, souvent effacée; d'un noir mat dans sa première moitié, brillant dans sa dernière; garni, à la base, de quelques poils blancs, couchés, très-courts. *Parties de la bouche* d'un noir de poix. *Yeux* assez saillants, suborbiculaires; noirs. *Antennes* assez longues; assez épaisses; pubescentes; d'un noir obscur; insérées à la partie dilatée du rostre.

Prothorax étroit, oblong; sensiblement plus long que large; subbissinué à la base; tronqué au sommet; subcylindrique; faiblement convexe; très-fortement et rugueusement ponctué; d'un noir peu brillant, avec quelques poils couchés, blanchâtres, les uns obliquement, les autres longitudinalement dirigés; marqué aussi vers la base d'un sillon longitudinal court, mais profond.

Ecusson très-petit; ovalaire; noir; obsolètement chagriné.

Elytres deux fois et demie plus longues que le prothorax; plus larges que lui à leur base; à *épaules* assez saillantes et légèrement arrondies; allant presque insensiblement en s'élargissant jusque vers le milieu, après lequel elles se rétrécissent d'une manière arquée jusqu'au sommet, où elles sont simultanément arrondies; assez convexes; d'un noir d'acier peu brillant, avec des séries plus ou moins régulières de poils couchés, blanchâtres; marquées de stries canaliculées, assez profondes, dont le fond est distinctement ponctué, et dont les *intervalles*, plans et assez larges, présentent des rugosités transversales ou rides irrégulières très-obsolètes.

Dessous du corps assez convexe; brillant; marqué de points assez forts, peu serrés; parsemé de poils couchés, blanchâtres: les deuxième, troisième et quatrième arceaux du ventre déprimés, opaques, finement chagrinés : le quatrième en outre obsolètement et rugueusement ponctué.

Pieds assez allongés; chagrinés; noirs; garnis de poils couchés, blanchâtres, suivant des directions différentes sur les cuisses, plus régulièrement disposés sur les tibias. *Cuisses* médiocrement épaissies. *Tarses* assez courts.

Patrie : Hyères. Juin. Rare.

Obs. Cette espèce a beaucoup d'affinité avec l'*Apion gibbirostre*, Gyl. (*carduorum*, Kiby). Elle en diffère par son front excavé; son prothorax plus long, subcylindrique, beaucoup

plus fortement ponctué ; et par les tibias antérieurs des ♂,
moins grêles, plus sensiblement dilatés vers le milieu de la
tranche interne et plus brusquement recourbés vers l'extrémité.

Apion funiculare.

*Ovatum, convexum, nigrum, densiùs cretaceo-piloso-squamosum ; anten-
nis pedibusque subelongatis, testaceis ; funiculo, tarsis femorumque summâ
basi infuscatis ; rostro subcylindrico, arcuato, longitudine prothoracis, basi
angulatim dilatato ; capite prothoraceque fortitèr rugoso-punctatis ; hoc
transverso, lateribus levitèr ampliato, basi profundè sulcato ; elytris punc-
tato-sulcatis, suturâ vittâque submarginali fulvo-cinereis ; interstitiis planis,
latiusculis, rugoso-punctatis.*

Long. 0^m,0027 (1 l.). — Larg. 0^m,0013 (1/2 l.).

Corps ovale ; assez convexe ; noir ; couvert de squamules
piliformes d'un blanchâtre argenté, avec la suture et une
bande sur les côtés des élytres, d'un fauve doré.

Tête transversale, déprimée, noire, fortement et rugueusement ponctuée ; garnie de poils couchés, peu serrés, brillants, d'un fauve argenté. *Front* déprimé. *Col* assez élevé ;
presque lisse ou très-finement et presque imperceptiblement
ridé en travers. *Rostre* de la longueur du prothorax ; subcy
lindrique, un peu infléchi, assez fortement arqué, dilaté de
chaque côté vers la base en forme d'angle ; rugueusement
ponctué ; pubescent et d'un noir assez mat dans son premier
tiers, glabre et d'un noir brillant dans le reste de sa longueur ; obsolètement pointillé ou marqué de petits points
oblongs, en forme de hâchures, sur son milieu ; tout à fait
lisse vers le sommet. *Parties de la bouche* ferrugineuses.
Yeux grands ; noirs ; suborbiculaires ; médiocrement saillants.

Antennes aussi longues que la tête et le prothorax réunis ;
insérées à la partie dilatée du rostre ; poilues ; testacées,
avec le *funicule* rembruni : le premier article de celui-ci
oblong, grand, un peu plus épais et moins obscur que les
suivants : le deuxième plus grêle et un peu moins long que

le précédent, un peu plus long que le suivant : les troisième à septième obconiques, subégaux : la *massue* oblongue, acuminée.

Prothorax un peu moins long que large; une fois plus étroit en avant qu'en arrière; subbissinué à la base, tronqué au sommet, avant lequel il est légèrement étranglé; faiblement convexe; assez fortement arrondi sur les côtés après le milieu; assez densement, fortement et rugueusement ponctué; d'un noir peu brillant; revêtu de poils couchés, micacés, plus ou moins squamiformes; marqué vers la base d'un sillon longitudinal assez étroit, mais profond, n'atteignant point le milieu.

Ecusson petit; suborbiculaire; noir; presque lisse ou très-finement et obsolètement chagriné.

Elytres deux fois et demie plus longues que le prothorax; plus larges que lui à leur base; assez convexes; légèrement arrondies aux *épaules* qui sont assez saillantes; subparallèles jusqu'aux deux tiers postérieurs, après lesquels elles se rétrécissent pour aller s'arrondir simultanément au sommet; noires, mais densement recouvertes de poils squamiformes, couchés, d'un blanc de craie, plus ou moins divergents et imbriqués; avec une large bande suturale et une large bande submarginale de poils de même nature, mais d'un fauve plus ou moins cendré, postérieurement réunies et prolongées jusqu'au sommet des élytres : celles-ci offrent en outre des stries canaliculées, peu profondes, mais fortement ponctuées. *Intervalles* plans; assez larges; rugueusement ponctués.

Dessous du corps noir; faiblement convexe; grossièrement ponctué; garni de poils micacés, beaucoup plus serrés sur les côtés de la poitrine et sur les derniers arceaux du ventre.

Pieds assez allongés; finement pubescents; obsolètement et rugueusement ponctués; testacés, avec les genoux légèrement rembrunis : les tarses, les trochanters et l'extrême base des cuisses , noirâtres : celles-ci assez longues, peu épaissies.

Patrie : Néris (Bourbonnais). Juillet. Rare.

Obs. Cette espèce, voisine des *Apion ulicis*, Forst. *difficile*, Hbst., et *genistæ*, Kirby, se distingue : du premier, par son rostre moins long, arqué, à base dilatée mais non dentée , par la couleur de ses pieds et de ses antennes, et par les premiers articles du funicule beaucoup moins allongés : du deuxième, par son rostre plus arqué, à base dilatée mais non dentée, et par la couleur des tarses, des cuisses intermédiaires et postérieures et du funicule des antennes : du troisième, par sa taille plus grande, par son rostre beaucoup plus arqué et par la couleur du funicule des antennes dont la massue est aussi plus allongée. La couleur testacée de cette dernière empêche de confondre cette espèce avec l'*Apion bivittatum*, Gerstaeker.

Apion pedale.

Oblongum , convexum, brevissimè parcè albido-pubescens , subnitidum, nigrum ; elytris gibbosis, nigro-œneis, catenato-striatis , interstitiis latis , planis, obsoletè coriaceis ; antennis brevibus, tenuibus, basi piceis ; pedibus elongatis, lœtè, tibiis anticis obscurè, testaceis; tibiis intermediis et posticis, tarsisque omnibus nigricantibus ; rostro elongato , subcylindrico, arcuato , punctulato ; capite prothoraceque oblongis, rugoso-punctatis ; hoc levissimè lateribus ampliato, basi sulcato.

Long. 0ᵐ,0028 (1 l.). — Larg. 0ᵐ,0013 (1/3 l.).

♂ *Antennes* insérées au milieu du rostre. *Rostre* plus court que la tête et le prothorax réunis; subopaque ; un peu épaissi et obsolètement et longitudinalement rugueux à la base , parcimonieusement pointillé et brillant dans le reste de sa longueur. *Dernier arceau ventral* très-convexe, tronqué ou subsinué à son sommet. *Premier et deuxième articles des tarses intermédiaires et postérieurs* fortement dilatés. *Tibias postérieurs* sensiblement arqués. *Pygidium* visible

♀ *Antennes* insérées un peu avant le milieu du rostre. *Rostre* aussi long que la tête et le prothorax réunis ; brillant dans toute son étendue ; guère plus épaissi et longitudinalement subsillonné à la base ; parcimonieusement pointillé dans le reste de sa longueur. *Dernier arceau ventral* subdéprimé, arrondi à son sommet. *Premier et deuxième articles des tarses intermédiaires et postérieurs* non dilatés. *Tibias postérieurs* droits. *Pygidium* caché.

Corps oblong ; convexe ; noir, un peu métallique sur les élytres, parsemé d'une pubescence très-courte, grisâtre, à peine visible.

Tête en carré long ; déprimée ; rugueusement ponctuée ; noire. *Col* assez brillant ; finement ridé en travers ; d'un noir métallique. *Front* avec des rugosités longitudinales assez marquées, se prolongeant plus ou moins, en s'affaiblissant, sur la base du *rostre*. Celui-ci subcylindrique, assez fortement arqué ; rugueux ou plus ou moins visiblement subsillonné à la base, surtout sur les côtés ; obsolètement et parcimonieusement pointillé sur le reste de sa longueur et presque lisse au sommet. *Parties de la bouche* d'un noir de poix. *Yeux* très-grands ; suborbiculaires, peu saillants ; brunâtres.

Antennes assez grêles ; courtes, dépassant à peine le bord antérieur du prothorax ; légèrement pubescentes ; d'un brun de poix, avec la base du *scape* plus claire et la *massue* plus obscure : celle-ci elliptique, acuminée : le premier article du *funicule* oblong, assez épais ; le deuxième allongé, beaucoup plus grêle que le précédent : les suivants obconiques, graduellement moins longs en approchant du sommet.

Prothorax oblong ; bien plus étroit que les élytres ; sensiblement plus long que large ; tronqué à la base et au sommet, plus étroit à celui-ci qu'en arrière ; subconvexe ; légèrement arrondi après le milieu sur les côtés ; d'un noir assez brillant ; rugueusement et assez fortement ponctué ;

marqué à la base d'un sillon longitudinal assez étroit, profond, et dépassant un peu le milieu.

Ecusson oblong; rugueux; noir.

Elytres oblongues, ovalaires; gibbeuses et très-convexes postérieurement; trois fois plus longues que le prothorax; obliquement coupées et largement arrondies aux épaules; à *calus huméral* oblong, assez saillant; allant en s'élargissant jusqu'au milieu, après lequel elles se rétrécissent d'une manière arquée pour s'arrondir simultanément au sommet; d'un noir légèrement bronzé, brillant, avec une pubescence blanchâtre peu serrée, très-courte, à peine visible; marquées de stries peu profondes, distinctement ponctuées-caténulées : *intervalles* plans, larges et très-obsolètement chagrinés. *Pygidium* nu dans le ♂, rugueux, en losange transversal.

Dessous du corps assez convexe, avec une ponctuation assez grossière, mais peu serrée, et quelques poils micacés très-courts, insérés au fond des points.

Pieds allongés; à peine pubescents. *Trochanters* et *cuisses* d'un testacé assez clair : *tibias antérieurs* d'un testacé un peu plus obscur : *tibias intermédiaires* et *postérieurs*, brunâtres; tous les *tarses* noirâtres, garnis en dessous d'une brosse de poils blancs. *Cuisses* allongées; médiocrement épaissies.

Patrie : Hyères. Juin. Rare.

Obs. Cette espèce ressemble au premier abord à l'*Apion fagi*, Lin. (*apricans.* Hbst., Sch.). Elle n'en diffère que par ses antennes moins pâles à la base, et par la singulière conformation des tarses intermédiaires et postérieurs des ♂.

Apion longimanum.

Suboblongatum, convexum, subglabrum, parùm nitidum, nigrum: antennis piceis, basi dilutioribus; femoribus lætè, tibiis obscuriùs testaceis; rostro subcylindrico, elongato, subtenui, levitèr arcuato; capite prothoraceque oblongis, rugoso-punctatis, hoc lateribus levissimè ampliato, basi obsoletè sulcato; elytris oblongo-subgibbosis, nigro-subœneis, catenato-striatis; tibiis anticis et intermediis longis, gracilibus, levitèr arcuatis.

Long. 0^m,0027 (1 l.). — Larg. 0^m,0011 (1/3 l.).

Corps assez allongé; convexe; presque glabre; d'un noir peu brillant, un peu métallique sur les élytres.

Tête oblongue; déprimée; d'un noir peu brillant; très-fortement et rugueusement ponctuée : les points se transformant sur le front en rides longitudinales bien marquées. *Col* convexe; brillant; noir; presque lisse. *Rostre* assez grêle, subcylindrique, aussi long que la tête et le prothorax réunis; faiblement arqué; d'un noir brillant; obsolètement strié à la base, parcimonieusement pointillé sur le reste de sa longueur. *Parties de la bouche* d'un noir de poix. *Yeux* très-grands; suborbiculaires, peu saillants, subdéprimés; brunâtres, avec des reflets micacés.

Antennes insérées vers le milieu du rostre; assez grêles; assez courtes, dépassant à peine le bord antérieur du prothorax; légèrement pubescentes; d'un brun de poix, avec la base plus claire, et la *massue* obscure : celle-ci allongée, acuminée. Le premier article du *funicule* oblong, assez épais : les deuxième, troisième et quatrième suballongés, obconiques : les autres submoniliformes.

Prothorax oblong; sensiblement plus étroit que les élytres; sensiblement plus long que large; tronqué à la base et au sommet; pas plus étroit en avant qu'en arrière; subcylindrique ou très-faiblement arrondi vers le milieu de ses côtés; d'un noir peu brillant; fortement et rugueusement ponctué, et marqué à la base d'un sillon longitudinal obsolète, s'avançant jusqu'au milieu.

Ecusson oblong; noir; rugueux.

Elytres oblongues; convexes, postérieurement gibbeuses; trois fois plus longues que le prothorax; obliquement coupées aux épaules qui sont arrondies et offrent un *calus* oblong, assez élevé; allant en s'élargissant jusqu'après le milieu à partir duquel elles se rétrécissent, d'une manière arquée, pour s'arrondir simultanément au sommet; pres-

que glabres ; d'un noir peu brillant et à peine bronzé ;
marquées de stries peu profondes, distinctement ponctuées-caténulées, avec les *intervalles* plans, larges, obsolètement ruguleux; garnies, surtout sur les côtés, de
quelques rares poils blanchâtres, brillants, très-courts, à
peine visibles.

Dessous du corps assez convexe; assez grossièrement mais
obsolètement ponctué; d'un noir assez brillant, avec quelques poils micacés, très-courts, au fond des points.

Pieds allongés; à peine pubescents. *Cuisses* testacées; assez
longues, faiblement épaissies. *Tibias* d'un testacé obscur.
Tarses noirâtres. *Tibias antérieurs* et *intermédiaires* longs;
grèles ; légèrement arqués.

Patrie : Hyères. Mars. Rare.

Obs. Cette espèce peut facilement être confondue avec
l'*apion trifolii*, Lin. (*œstivum*, Germ.); mais elle est un peu
plus allongée ; les stries des élytres sont moins profondes
et leurs intervalles tout à fait plans. Du reste la forme des
tibias antérieurs et intermédiaires nous semble un caractère
suffisant pour l'en séparer.

Sitones dispersus.

*Subelongatus, levitèr convexus, niger, parce pallido-pubescens, densè
albido-squamosus; antennis, femorum basi, geniculis, tibiis tarsisque
ferrugineo-testaceis; fronte rostroque canaliculatis; capite prothoraceque
subtilitèr punctulatis, prœtereàque vagè grossè punctatis, hoc medio lateribus ampliato; elytris punctato-striatis, seriatim albido-setosis; oculis
omninò depressis.*

Long. 0ᵐ,0042 (1 3/4 l.). — Larg. 0ᵐ,002 (4/5 l.).

Corps assez allongé, légèrement convexe, noir, densement
revêtu de squamules arrondies, blanchâtres, entremêlées
de poils de la même couleur.

Tête transversale ; noire ; plus ou moins garnie de squamules et de poils blanchâtres, micacés; parsemée de gros

points arrondis, vaguement disposés, dans l'intervalle desquels on remarque une ponctuation beaucoup plus fine et serrée. *Vertex* légèrement convexe. *Front* subdéprimé ; profondément canaliculé. *Rostre* court ; un peu plus étroit que la tête ; rugueusement ponctué; creusé en son milieu d'un canal profond, continuant celui du front et s'arrêtant avant l'extrémité ; échancré ou incisé à son sommet ; plus ou moins garni, surtout sur les côtés, de poils et de squamules blanchâtres et brillantes. *Parties de la bouche* barbues ; d'un noir de poix. *Mandibules* avec quelques squamules pâles. *Yeux* suborbiculaires; grands ; brunâtres ; tout à fait déprimés. *Antennes* assez courtes ; légèrement pubescentes; d'un testacé ferrugineux; à articles intermédiaires submoniliformes : *massue* ovale-oblongue, acuminée.

Prothorax un peu moins long que large; tronqué à la base et au sommet; à peine étranglé avant ce dernier; faiblement convexe; assez fortement arrondi sur les côtés vers le milieu; noir ; offrant d'assez gros points circulaires, vaguement disposés, et dont les intervalles sont eux-mêmes finement pointillés; densement revêtu de squamules arrondies, blanchâtres, argentées, plus ou moins brillantes, et entremêlées de quelques poils pâles et couchés.

Ecusson petit, orbiculaire, densement couvert de squamules blanchâtres.

Elytres trois fois plus longues que le prothorax; sensiblement plus larges que lui dans son milieu ; simultanément sinuées à la base; à *épaules* obliques, peu saillantes et légèrement arrondies; faiblement convexes ; subparallèles jusqu'aux deux tiers de leur longueur, à partir desquels elles se rétrécissent pour aller s'arrondir simultanément au sommet ; noires ; densement revêtues de squamules arrondies, blanchâtres, argentées, plus ou moins brillantes; marquées de stries peu profondes, mais assez fortement ponctuées, dont les *intervalles* sont plans, larges, obsolètement chagrinés, et ornés chacun d'une série de poils hispides, blanchâtres, inclinés en arrière.

Dessous du corps subdéprimé ; rugueux ; densement couvert de squamules et de poils blanchâtres.

Pieds assez forts ; légèrement chagrinés ; garnis de poils pâles et couchés. *Cuisses* assez épaisses ; noires, avec la base et les genoux ferrugineux. *Tibias* et *Tarses* d'un testacé ferrugineux.

Patrie : Hyères. Mars.

Obs. Cette espèce, qui a un peu le faciès du *Metallites murinus*, Sch., est en quelque sorte intermédiaire entre les *Silones promptus*, Sch. et *elegans*, Sch. Elle diffère de l'un et de l'autre par la singulière ponctuation de son prothorax.

Peritelus subdepressus.

Ovato-oblongus, subdepressus, niger, densè, squamulis griseo-luteis micantibus, lateribus magis albidis, vestitus ; thorace rugoso-punctato, medio subtilissimè obsoletè carinulato ; elytris distinctè subtilitèr punctato-striatis ; interstitiis latis, planis, seriatim brevitèr setulosis. Fronte sulcatâ; pedibus fusco, antennis dilutiùs ferrugineis.

Long. 0^m,004 à 0^m,006 (1 l. 2/3 à 2 l. 1/2). — Larg. 0^m,0022 à 0^m,003 (1 l. à 1 1/4 l.).

♂ *Prothorax* beaucoup moins long que large. *Elytres* obovales.

♀ *Prothorax* un peu moins long que large. *Elytres* oblongues.

Corps ovale-oblong ; légèrement déprimé, noir ; densement couvert de squamules grossières, arrondies, grisâtres, à reflets légèrement dorés sur le dos, argentés sur les côtés.

Tête large ; rugueuse ; noire ; couverte de squamules blanchâtres, et hérissée de quelques soies légèrement épaissies au sommet, argentées, brillantes et dirigées en arrière. *Vertex* convexe. *Front* assez profondément sillonné sur son milieu. *Rostre* à peine plus long que la tête ; sensiblement divariqué et assez profondément échancré à son sommet ;

presque plan à la base, mais à partir de celle-ci creusé d'une gouttière allant en s'évasant jusqu'à l'extrémité, et au milieu de laquelle s'élève une carène longitudinale assez fine, prolongée jusqu'à l'échancrure du sommet. *Parties de la bouche* d'un noir de poix. *Yeux* médiocres ; suborbiculaires ; peu saillants ; noirs.

Antennes assez fortes ; ferrugineuses; insérées au sommet du rostre. *Scape* atteignant le bord antérieur du prothorax, sensiblement courbé en dehors, distinctement renflé en massue à son extrémité ; garni de soies argentées, brillantes, couchées. *Funicule* de la longueur du scape : les deux premiers articles allongés, obconiques, subégaux, garnis de soies de la même nature que celle du scape; les troisième à cinquième transversaux, moniliformes, ciliés de poils obscurs assez redressés. *Massue* petite ; ovalaire ; acuminée ; finement pubescente.

Prothorax subdéprimé sur le dos; sensiblement plus court chez le ♂ que chez la ♀ ; tronqué au sommet, obliquement coupé à la base ; légèrement arrondi sur les côtés ; rugueusement ponctué; marqué sur son milieu d'une carène longitudinale très-fine, souvent obsolète ; entièrement couvert de squamules grossières, brillantes, d'un gris un peu jaunâtre sur le dos, d'un blanchâtre argenté sur les côtés.

Ecusson indistinct.

Elytres, derrière les épaules, sensiblement plus larges que le prothorax; trois (♂) ou quatre (♀) fois plus longues que lui; obovales (♂) ou oblongues (♀); subdéprimées sur le dos; marquées de points rangés en stries fines, mais bien distinctes, un peu plus profondes vers l'extrémité : chaque point muni d'une petite squamule oblongue, argentée ; densement couvertes de squamules grossières, d'un gris jaunâtre, brillantes à un certain jour, d'un blanchâtre argenté assez vif sur les côtés, avec souvent des lignes ou taches oblongues pâles sur le disque. *Intervalles* plans ; larges ; munis chacun d'une série de soie très-courtes.

légèrement épaissies à leur sommet, blanches, brillantes, couchées, et souvent seulement visibles en arrière. *Epaules* obliques, effacées.

Dessous du corps subdéprimé; creusé sur la poitrine; noir; assez densement couvert de squamules d'un gris argenté, moins grossières et plus allongées que celles du dessus du corps.

Pieds assez robustes; d'un brun de poix plus ou moins ferrugineux; couverts de squamules d'un gris argenté, avec les tibias garnis en outre de poils blanchâtres et brillants. *Cuisses* sensiblement épaissies dans leur milieu. *Tarses* assez courts; ferrugineux; sans squamules, mais garnis d'une pubescence blanchâtre, brillante.

Patrie : Languedoc, Provence. Mai. Juin.

Obs. Cette espèce est intermédiaire entre le *Peritelus rusticus*, Sch., et le *P. prolixus*, Ksw. Elle diffère du premier par ses élytres plus déprimées; du second, par sa forme plus allongée et par son prothorax plus densement et moins fortement ponctué.

Otiorhynchus cœsipes.

Oblongo-obovatus, levitèr convexus, supra ferè glaber, punctulatus, nitidus, niger, antennis piceis, subelongatis. Fronte medio puncto minuto impressâ; rostro longitudinalitèr obsoletè carinato; prothorace oblongo, lateribus modicè rotundato; elytris obsoletissimè transversìm alutaceis, subtilissimèque punctulatis. Pedibus brevibus, crassis, fusco-ferrugineis; tibiis anticis intùs apice incurvis, intermediis intùs apice levitèr, posticis profundiùs incisis. Femoribus muticis, modicè incrassatis. ♂.

Long. 0ᵐ,009 (4 l.). — Larg. 0ᵐ,004 (1 3/4 l.).

Corps en ovale un peu allongé; légèrement convexe; d'un noir brillant; presque glabre en dessus ou bien avec une fine et rare pubescence grisâtre, à peine visible, sur les côtés; obsolètement et finement ponctué.

Tête large; légèrement convexe; finement ponctuée; d'un

noir brillant. *Front* faiblement convexe; finement ponctué; marqué au milieu et en arrière d'une petite fossette puncti- forme, profonde et bien distincte. *Rostre* presque plan; lé- gèrement ponctué; sensiblement divariqué et échancré au sommet, et offrant en son milieu une carène longitudinale peu saillante. *Parties de la bouche* d'un brun de poix. *Yeux* assez gros; suborbiculaires; peu saillants; noirs.

Antennes assez allongées; pubescentes; d'un brun de poix. *Scape* ponctué; dépassant le bord antérieur du prothorax; grêle à la base, sensiblement renflé en massue vers son ex- trémité. *Funicule* à peine aussi long que le scape; à premier et deuxième articles allongés, ponctués : les troisième à sep- tième obconiques : le troisième un peu plus long que large : *massue* oblongue, finement pubescente, acuminée, un peu ferrugineuse à son extrémité.

Prothorax un peu plus long que large; d'un tiers plus étroit que les élytres dans leur plus grande largeur; tronqué au som- met, très-obsolètement subsinué au milieu de sa base qui est finement rebordée; assez fortement arrondi sur les côtés; lé- gèrement convexe; d'un noir brillant; couvert sur le dos d'une ponctuation fine et légère, pas trop serrée, et se trans- formant sur les côtés en une granulation assez forte.

Ecusson excessivement petit; triangulaire; noir, bril- lant; lisse.

Elytres obovales; deux fois et demie plus longues que le prothorax; assez fortement arrondies sur les côtés vers leur milieu, et sensiblement atténuées en arrière où elles sont simultanément et obtusément arrondies à leur sommet; légèrement convexes; d'un noir de poix brillant; pres- que glabres ou seulement avec une rare pubescence grisâtre sur les côtés, peu visible; présentant en outre de fines rides transversales ou obliques, entremêlées d'une ponc- tuation très-fine et très-légère, très-distincte sur le dos, plus embrouillée sur les côtés, où elle se confond avec les rides pour se transformer avec elles en une granulation plus ou

moins obsolète ; n'offrant de faibles traces de stries que
tout à fait en arrière vers l'extrémité : *épaules* peu saillantes,
effacées.

Dessous du corps subdéprimé ; légèrement pubescent ; d'un
noir brillant. *Poitrine* largement excavée ; chagrinée. *Ventre*
légèrement ponctué, avec le dernier arceau triangulairement
impressionné vers son extrémité.

Pieds forts, d'un ferrugineux plus ou moins obscur ; brillants ; finement pubescents. *Cuisses* assez allongées ; mutiques, sensiblement renflées en massue avant leur extrémité ;
rugueusement ponctuées à leur base, obsolètement et parcimonieusement sur le reste de leur étendue. *Tibias* rugueusement
ponctués ; plus ou moins crénelés ou denticulés à leur tranche
interne : les antérieurs un peu plus courts que la cuisse, arqués à leur tranche externe, assez brusquement recourbés
en dedans avant leur sommet : les intermédiaires sensiblement
plus courts que la cuisse, presque droits à leur tranche externe, un peu dilatés en dedans vers leur tiers supérieur, puis
légèrement mais sensiblement entaillés vers leur sommet :
les postérieurs encore plus sensiblement plus courts que la
cuisse, légèrement recourbés en dehors avant le sommet à
leur tranche externe, allant graduellement en s'élargissant
de la base jusqu'après les trois quarts où ils sont fortement
entaillés en dedans avant l'extrémité. L'entaille est garnie de
poils plus grands que les autres, d'un fauve cendré. *Tarses*
courts ; garnis en dessous d'une brosse de poils fins, d'un
gris blanchâtre.

Patrie : Montagnes de la Provence (M. Gabillot).

Obs. Cette espèce se rapproche de l'*Otiorhynchus sangui-
nipes,* Sch. Mais il est d'une forme plus ramassée, les élytres
sont moins convexes et plus lisses. Elle diffère de toutes
les espèces avec lesquelles on pourrait la confondre, par la
singulière conformation des tibias, surtout des postérieurs,
laquelle dénote sans doute un caractère masculin.

O. frigidus.

Oblongus, subdepressus, parcè albido-piloso-squamosus, antennis pedibus-que rufo, ferrugineis, femorum clavâ picescente. Fronte profundè foveolatâ; rostro rugoso, levitèr bisulcato, medio carinulato; prothorace oblongo, for-titèr rugoso-granulato, lateribus levitèr rotundato. Elytris profundè punc-tato-pupillato-striatis, sparsìm maculatìm albido squamosis; interstitiis angustis, convexiusculis, obsoletè tuberculatis, seriatìm setulosis. Pedibus gracilibus, femoribus antè apicem fortitèr clavatis, infrà subdentatis.

Long. 0ᵐ,007 (3 l. 1/4). — Larg. 0ᵐ,0033 (1 1/2 l.).

Corps oblong; d'un noir de poix peu brillant; couvert de squamules piliformes, peu serrées, blanchâtres. *Elytres* avec quelques petites taches éparses, formées de squamules de même couleur, mais plus courtes, plus grossières, ovalaires.

Tête large; courte; convexe; noire; rugueusement ponc-tuée, et garnie de squamules piliformes, blanchâtres. *Vertex* dénudé; finement chagriné. *Front* déprimé, creusé sur son milieu d'une fossette oblongue, profonde. *Rostre* légèrement bissillonné; finement caréné sur son milieu; noir, rugueuse-ment ponctué et couvert de squamules piliformes blanchâtres, couchées, transversalement disposées; un peu plus long que la tête; rétréci dans son milieu; sensiblement divariqué et échancré au sommet, et obliquement impressionné au devant de la bouche : l'impression dénudée, avec des rugosités longitudinales. *Parties de la bouche* d'un noir de poix. *Yeux* médiocres; suborbiculaires; déprimés; noirs.

Antennes assez allongées; pubescentes; d'un roux ferrugi-neux. *Scape* dépassant le bord antérieur du prothorax; assez grêle, assez brusquement renflé et déjeté en dehors à son extrémité. *Funicule* sensiblement plus long que le scape ; à premier et deuxième articles allongés : le deuxième plus long que le précédent : les troisième à septième ovalaires, un peu plus long que larges; la massue elliptique, acuminée.

Prothorax de moitié plus étroit que les élytres dans leur

plus grande largeur; un peu plus long que large; tronqué au sommet et à la base; légèrement arrondi sur les côtés; faiblement convexe; d'un noir de poix; assez fortement et rugueusement granulé, et paré de quelques squamules piliformes, blanchâtres, peu serrées, couchées, et généralement disposées en travers.

Ecusson très-petit; enfoncé; triangulaire; dénudé; d'un noir de poix; presque lisse.

Elytres trois fois plus longues que le prothorax; oblongues; subdéprimées; simultanément échancrées à la base; faiblement arrondies sur les côtés; assez brusquement rétrécies en arrière où elles sont simultanément et obtusément tronquées au sommet; d'un noir de poix peu brillant; garnies de squamules piliformes, blanchâtres, peu serrées, couchées, obliquement ou longitudinalement disposées; et parées en outre, çà et là, de petites taches composées de squamules ovalaires, plus serrées, plus courtes, plus grossières, d'un blanc plus ou moins argenté, quelquefois à reflets dorés ou verdâtres; marquées de stries de gros points enfoncés, parés chacun d'une squamule oblongue, blanchâtre, qui les fait paraître comme ocellés. *Intervalles* assez étroits; assez convexes; obsolètement tuberculés et comme transversalement ondulés; parés chacun d'une série de soies blanchâtres, un peu redressées et inclinées en arrière. *Épaules* sont saillantes et largement arrondies.

Dessous du corps subdéprimé; d'un noir de poix; paré de squamules piliformes, peu serrées, blanchâtres. *Poitrine* un peu excavée, rugueusement ridée en travers. *Ventre* brillant; parcimonieusement ponctué.

Pieds grèles; garnis d'une pubescence blanchâtre, soyeuse, peu serrée sur les cuisses, plus dense aux tibias et aux tarses; d'un brun ferrugineux, avec la massue des cuisses plus obscure. *Cuisses* allongées; grèles à leur base, fortement renflées en massue après leur milieu, où elles sont, en dessous, anguleusement prolongées et munies d'une petite dent très-courte. *Tibias* grèles ; un peu plus courts que les cuisses, dilatés et recourbés en dedans à leur sommet. *Tarses* assez courts ; garnis en dessous d'une brosse serrée de poils fins et blanchâtres.

Patrie : Chamouni. Août.

Obs. Cette espèce ressemble beaucoup à l'*Otiorhynchus pupillatus*, Sch., dont elle diffère par sa forme un peu plus allongée, par ses élytres sensiblement moins convexes, et à taches moins grandes, moins nombreuses, moins confluentes et d'une couleur moins fauve.

O. aurosus.

Brevitèr ovatus, subnitidus, convexus, niger, parce aureo-piloso-squamosus ; antennis pedibusque ferrugineis. Fronte brevitèr profundè foveolatâ ; rostro levitèr bisulcato, medio carinato ; prothorace brevi, lateribus modice ampliato, medio obsoletè canaliculato, fortitèr granulato seu tuberculato, tuberculis dorsi depressis. Elytris obsoletè punctato-striatis, maculis numerosis sœpè confluentibus, aureo-squamosis, ornatis ; interstitiis angustulis, convexiusculis, obsoletè tuberculatis. Antennis brevibus ; pedibus sat elongatis, femoribus modicè incrassatis, muticis.

(*Otiorhynchus aurosus.* Guillebeau in litteris).

Long. 0ᵐ,008 (3 l. 1/2). — Larg. 0ᵐ,0045 (2 l.).

Corps en ovale court ; convexe ; d'un noir de poix assez brillant ; couvert de squamules piliformes, couchées, peu serrées, d'un cuivreux doré très-brillant, et disposées, sur les élytres, par taches plus ou moins confluentes.

Tête transversale ; convexe ; noire ; très-finement chagrinée ; dénudée et presque imponctuée sur le vertex ; assez fortement ponctuée et garnie de squamules piliformes d'un jaune doré sur le front, couchées, obliquement disposées, éparses, sur le milieu, plus serrées autour des yeux. *Front* marqué sur son milieu d'une petite fossette ovale et profonde. *Rostre* court ; un peu plus long que la tète ; étranglé dans son milieu ; sensiblement divariqué et échancré au sommet ; faiblement

bissillonné en dessus et surmonté sur son milieu d'une carène longitudinale peu saillante, bifurquée à son extrémité;
assez fortement ponctué et garni d'une pubescence squami-
forme d'un jaune doré, couchée, peu serrée, obliquement
disposée : sommet du rostre dénudé, avec une impression
triangulaire peu sentie. *Parties de la bouche* d'un noir de poix.
Yeux médiocres; suborbiculaires; légèrement saillants; noirs
avec des reflets dorés, éclatants.

Antennes courtes; d'un ferrugineux obscur; garnies d'une
pubescence blanchâtre assez longue. *Scape* atteignant à peine
le bord antérieur du prothorax; légèrement recourbé en dehors et faiblement renflé à son extrémité. *Funicule* à peine
aussi long que le scape; à premier et deuxième articles
allongés, subégaux : les troisième à quatrième légèrement :
les cinquième à septième fortement transversaux. *Massue*
petite, oblongue, acuminée.

Prothorax transversal; un peu plus court que large; d'une
moitié plus étroit que les élytres en leur plus grande largeur;
tronqué à la base et au sommet; assez fortement arrondi sur
les côtés; assez convexe, d'un noir assez brillant; couvert
d'une granulation assez forte, à grains, surtout sur le disque,
aplatis et comme foulés par un cylindre; creusé sur son milieu
d'un léger sillon longitudinal, souvent effacé en arrière. Il est
en outre garni de squamules piliformes d'un jaune doré, brillantes, couchées, obliques ou longitudinales, peu serrées, et
formant, sur les côtés du disque, par leur disposition plus
transversale et plus serrée, comme deux bandes pâles légèrement cintrées en dedans. (Chez les individus bien frais, on
aperçoit aussi à la partie antérieure du sillon quelques squamules longitudinalement disposées, plus serrées et plus apparentes que les autres.)

Ecusson très-petit; enfoncé; subtriangulaire; très-finement
chagriné; d'un noir de poix peu brillant.

Elytres trois fois plus longues que le prothorax; obovales,
assez courtes; assez convexes; simultanément échancrées à

la base, assez fortement arrondies en arrière, et rétrécies en
pointe mousse à leur sommet ; d'un noir de poix assez brillant ; couvertes de squamules piliformes d'un jaune doré,
brillantes, et disposées par taches nombreuses, plus ou moins
confluentes ; marquées de stries obsolètes, formées de points,
peu profonds, assez grossiers, assez écartés. *Intervalles*
assez étroits ; légèrement convexes ; obsolètement tuberculés
ou comme transversalement ondulés.

Dessous du corps assez convexe ; d'un noir de poix brillant ;
garni de squamules piliformes pâles, peu serrées ; parcimonieusement et obsolètement ponctué, plus densement, plus
fortement et plus rugueusement sur les côtés de la poitrine.

Pieds médiocrement allongés ; d'un ferrugineux de poix ;
garnis d'une pubescence blanchâtre, peu serrée. *Cuisses* mutiques ; ponctuées à la base et au sommet, médiocrement
renflées après leur milieu, où elles sont presque lisses ou
obsolètement ridées en travers. *Tibias* finement chagrinés ;
parcimonieusement et rugueusement ponctués. *Tarses* courts ;
plus obscurs que le reste des pieds ; garnis en dessous
d'une brosse de poils fins et blanchâtres.

Patrie : Cette belle espèce a été prise en Suisse par notre
ami commun, Guillebeau.

Obs. Cette espèce a les dessins de l'*Otiorhynchus chrysoco-
mus*, Germ., dont elle diffère par sa taille plus ramassée, par
ses antennes plus courtes, à articles extérieurs du funicule
fortement transversaux, et par la sculpture de son prothorax.

O. grisescens.

*Elongatus, subdepressus, sat densè griseo-pubescens, opacus, niger ; an-
tennis fusco-piceis. Fronte foveolatâ. Rostro rugoso, levitèr bisulcato et
medio carinulato. Prothorace levitèr transverso, fortitèr pupillatìm rugoso
granulato, lateribus parùm rotundato, medio tenuitèr canaliculato, canali-
culâ densiùs griseo-pubescente. Elytris profundè grossèque punctato-striatis ;
interstitiis angustis, convexiusculis, tuberculatis. Pedibus elongatis ; femoribus clavatis, muticis.*

Long. 0ᵐ,008 (3 l. 1/2). — Larg. 0ᵐ,003 (1 l. 2/3).

Corps allongé; assez étroit; subdéprimé; d'un noir peu brillant; entièrement couvert de poils fins, couchés, grisâtres, assez serrés.

Tête assez large; transversale; convexe; rugueusement ponctuée, d'un noir peu brillant. *Vertex* dénudé; finement chagriné. *Front* pubescent; déprimé; assez fortement et rugueusement ponctué, creusé sur son milieu d'une petite fossette arrondie, profonde. *Rostre* d'une moitié plus long que la tête; sensiblement divariqué et faiblement échancré au sommet; pubescent; noir; assez fortement et rugueusement ponctué; faiblement bissillonné; finement caréné sur son milieu. *Parties de la bouche* d'un noir de poix. *Yeux* médiocres; suborbiculaires; peu saillants; brunâtres.

Antennes insérées vers l'extrémité du rostre; assez longues; pubescentes; d'un brun de poix. *Scape* dépassant le bord antérieur du prothorax; faiblement recourbé en dehors et épaissi vers son extrémité. *Funicule* à peine aussi long que le scape; à premier et deuxième articles, allongés : le deuxième un peu plus long que le précédent : le troisième à peine aussi long que large : les quatrième à septième sensiblement transversaux. *Massue* petite; allongée; acuminée.

Prothorax d'un tiers plus étroit que les élytres dans leur plus grande largeur; un peu moins long que large; tronqué à la base et au sommet; médiocrement arrondi sur les côtés; faiblement convexe; pubescent; d'un noir peu brillant; rugueusement granulé ou tuberculé, avec les grains ou tubercules uniponctués à leur sommet et comme ocellés; marqué sur son milieu d'un sillon longitudinal très-fin, rempli d'une pubescence serrée, grisâtre.

Ecusson très-petit; subtriangulaire; d'un noir assez brillant; rugueux.

Elytres allongées; trois fois et demie plus longues que le prothorax; faiblement et simultanément échancrées à la base;

obliquement coupées aux *épaules* qui sont effacées ; subparallèles vers le milieu de leurs côtés ; assez brusquement rétrécies en arrière, où elles sont obtusément tronquées à leur
sommet ; subdéprimées ; d'un noir peu brillant, et couvertes
d'une pubescence grisâtre, assez serrée, courte et couchée ;
présentant en outre des stries de gros points enfoncés, peu
serrés et peu profonds. *Intervalles* étroits; légèrement convexes ; tuberculés et comme transversalement ondulés.

Dessous du corps pubescent; noir; rugueusement et fortement ponctué. *Métasternum* concave. Premier, deuxième et
troisième segments ventraux, ridés à leur partie postérieure :
le premier beaucoup plus fortement.

Pieds allongés ; noirs; rugueux; garnis d'une pubescence
grisâtre, devenant plus serrée et fauve vers l'extrémité des
tibias. *Cuisses* mutiques; assez fortement renflées après leur
milieu. *Tibias* recourbés en dedans en angle aigu à leur
sommet. *Tarses* courts ; assez larges ; garnis en dessous d'une
brosse serrée de poils blanchâtres.

PATRIE : Pyrénées (feu M. Decazes).

Obs. Cette espèce ressemble un peu à l'*Otiorhynchus nu-
bilus*, Escher. Elle s'en distingue aisément par ses cuisses
mutiques, et par sa forme beaucoup plus allongée, qui lui
donne le faciès de l'*Otiorhynchus longiventris*, Küst.

Magdalinus punctulatus.

*Subelongatus, convexiusculus, opacus, niger, suprà glaber, infrà griseo-
pubescens, pectoris lateribus albido pollinosis; antennis piceis, basi dilutioribus. Rostro modico, cylindrico, arcuato, punctulato; fronte impressâ. Prothorace subdepresso, densè rugoso punctato, anticè levitèr constricto, medio
lineâ nitidâ anteriùs abbreviatâ. Elytris punctato-striatis; interstitiis latiusculis, levitèr convexis, crebrè rugoso-punctatis. Pedibus brevibus; femoribus
subclavatis, subtiùs acutè unidenticulatis; tarsis elongatis.*

Long. 0^m,004 à 0^m,0045 (1 l. 3/4 à 2 l.). — Larg. 0^m,0017 à 0^m,002
(2/3 à 3/4 l.).

♂ *Rostre* un peu plus court que le prothorax; médiocrement arqué ; peu brillant et assez densement ponctué jusqu'à son sommet.

♀ *Rostre* de la longueur du prothorax; assez fortement arqué; brillant ; assez fortement ponctué à sa base, un peu plus légèrement et moins densement vers le sommet.

Corps allongé; assez convexe sur les élytres; d'un noir mat.

Tête transversale; opaque ; noire ; postérieurement convexe; légèrement ponctuée, avec la partie située derrière les yeux assez brillante, obsolètement chagrinée, presque lisse. *Front* très-étroit; longitudinalement et assez fortement impressionné. *Rostre* un peu plus court (♂) ou aussi long (♀) que le prothorax sans la tête; cylindrique; ponctué; arqué; noir; très-faiblement étranglé avant l'insertion des antennes. *Parties de la bouche* d'un roux de poix. *Yeux* très-grands, peu convexes, en ovale court et irrégulier; d'un brun livide, avec des reflets grisâtres et micacés.

Antennes assez courtes, atteignant le milieu du prothorax ; pubescentes; d'un brun de poix, avec le *scape* souvent ferrugineux : celui-ci assez grèle, arqué avant son extrémité et légèrement renflé en massue à son sommet : les premier et deuxième articles du *funicule* assez allongés, obconiques : le premier beaucoup plus épais que le suivant : les troisième à septième courts, moniliformes, subégaux. *Massue* assez grande, égalant les trois quarts de la longueur du funicule; oblongue, elliptique, acuminée, à articles subégaux; garnie d'une pubescence fine, courte et serrée, d'un gris fauve.

Prothorax un peu plus étroit que les élytres ; à peu près aussi long que large; tronqué en devant, assez fortement bissinué à la base; légèrement resserré avant le sommet; sensiblement arrondi sur les côtés; à angles postérieurs faiblement réfléchis et aigus; subdéprimé sur le dos; rugueusement et densement ponctué; d'un noir mat, avec une ligne longitudinale lisse, raccourcie en avant, enfoncée en arrière où elle se termine, au devant de l'écusson, par une impression assez forte.

Ecusson oblong; noir; plus ou moins obsolètement rugueux, quelquefois presque lisse et brillant.

Elytres plus de deux fois et demie plus longues que le prothorax; faiblement élargies après leur milieu ; largement et obtusément arrondies au sommet; légèrement convexes, d'un noir profond peu brillant; avec une faible dépression longitudinale sur chacune derrière l'écusson près de la suture, ce qui fait paraître celle-ci relevée à sa base; marquées de stries de points oblongs, assez forts, dont les *intervalles*, très-légèrement convexes et assez larges, sont densement et rugueusement ponctués : la strie suturale est plus profonde et comme enfoncée vers la base. Les *épaules* sont arrondies, peu saillantes.

Dessous du corps assez convexe; assez grossièrement ponctué; d'un noir assez brillant; garni d'une pubescence rare et cendrée, qui se change en une poussière blanchâtre et grossière sur le prosternum, le mésosternum et les épisternum.

Pieds courts; rugueux; noirs; garnis d'une pubescence grisâtre peu serrée, assez longue. *Cuisses* légèrement renflées après leur milieu, où elles sont munies en dessous d'une dent aiguë. *Tibias* solides, assez épais; denticulés à leur arête interne ; armés en dedans à leur angle apical d'un crochet ferrugineux assez fort. *Tarses* assez allongés, garnis en dessous d'une brosse de poils blanchâtres.

Patrie : Suisse, montagnes du Beaujolais.

Obs. Cette espèce a tout à fait le faciès du *Magdalinus duplicatus*, Germ., et l'on croirait de prime abord qu'elle en est une variété noire. Elle s'en distingue cependant par des caractères notables : le front beaucoup plus profondément impressionné, les tibias plus épais, le dessous du corps plus fortement ponctué, les intervalles des stries densement et rugueusement ponctués. Ce dernier caractère, surtout, empêchera toujours de confondre cette espèce avec celles qui peuvent lui ressembler sous d'autres rapports.

Erirhinus incanus.

Oblongus , convexiusculus, parùm nitidus, testaceus, densè albido piloso-squamulosus; capite, prothoracis disco plagisque mediis elytrorum magis denudatis; rostro antennisque rufo-testaceis, pedibus pallidè testaceis, metasterno obscuro. Rostro tenui, longissimo, modicè arcuato, nudo, nitido, lateribus basi substriato. Fronte carinulatâ. Capite prothoraceque crebrè rugoso-punctatis; hoc subdepresso, lateribus posticè parùm ampliato. Elytris punctato-striatis , interstiis rugulosis, planis, nono postice subcarinato. Antennis gracilibus. Pedibus modicis, femoribus subclavatis, subtùs fortitèr unidentatis.

Long. 0^m,0055 (2 l. 1/4). — Larg. 0^m,0025 (1 l.).

Corps oblong ; légèrement convexe ; peu brillant ; testacé ; densement couvert de squamules piliformes blanches , qui lui donnent un aspect farineux , avec la tête , le disque du prothorax et une large tache triangulaire obsolète sur les côtés et au milieu des élytres, plus dénudés et un peu roussâtres.

Tête transversale ; convexe ; assez densement et rugueusement ponctuée; d'un testacé roussâtre ; couverte de squamules piliformes peu serrées, d'un blanc un peu fauve. *Front* étroit ; subdéprimé ; rugueusement ponctué ; marqué sur son milieu d'une carène obsolète , qui se prolonge , en s'effaçant, sur la base du *rostre.* Celui-ci grèle, cylindrique, presque aussi long que la moitié du corps ; assez sensiblement arqué ; d'un roux-testacé, brillant, nu ou seulement avec quelques rares squamules à la base ; substrié-ponctué sur les côtés jusqu'à l'insertion des antennes, presque lisse ou très-obsolètement ponctué sur le reste de sa longueur. *Parties de la bouche* couleur de poix ; ciliées de poils blancs, brillants. *Yeux* assez grands ; subarrondis ; déprimés ; brunâtres.

Antennes grèles ; atteignant la base du prothorax ; insérées un peu avant les deux tiers du rostre; ciliées de poils blancs et brillants. *Scape* très-grèle ; atteignant les yeux ; plus long à lui seul que le reste des antennes , faiblement arqué et médiocrement renflé en massue à son sommet : les premier et deuxième articles du *funicule* très-allongés, un peu plus longs, pris ensemble, que le reste du funicule : le deuxième d'un tiers moins long que le premier; le troisième oblong; les quatrième à sixième obconiques, un peu plus longs que larges; le septième transversal. *Massue* petite ; pubescente ; ovalaire, subacuminée.

Prothorax légèrement transversal; d'un quart plus étroit que les élytres; subsinué au milieu de son bord antérieur, subbissinué à sa base; près d'une moitié plus étroit en avant qu'en arrière; légèrement resserrée avant son sommet; légèrement arrondi postérieurement sur les côtés; subdéprimé, impressionné au devant de l'écusson; rugueusement ponctué; d'un testacé roussâtre; garni de squamules piliformes blondes et peu serrées sur le disque, blanches et très-serrées sur les côtés.

Ecusson assez petit; subarrondi; rugueux; d'un testacé roussâtre; garni de squamules piliformes blanches.

Elytres trois fois et demie plus longues que le prothorax ; simultanément échancrées au milieu de leur base; subparallèles ou bien très-faiblement élargies au deux tiers de leur longueur; largement et simultanément arrondies au sommet, mais brièvement déhiscentes à l'angle sutural; légèrement convexes; d'un testacé un peu roussâtre; couvertes de squamules piliformes, longitudinalement ou obliquement couchées, d'un blanc assez vif, assez serrées, et qui leur donne une apparence farineuse; avec une grande tache triangulaire obsolète, située vers le milieu sur les côtés, plus dénudée, composée de squamules plus courtes et blondes : ces taches, par leur ensemble, forment comme une large bande transversale, peu sentie et largement interrompue à la suture ; marquées de stries assez légères de points enfoncés, ornés chacun d'une squamule oblongue : ces stries deviennent postérieurement comme indistinctes, par l'effet de la pubescence squamuliforme qui les cache. *Intervalles* plans ;

ruguleux : le cinquième, muni à son extrémité d'un tubercule ou calus peu prononcé; le neuvième, sensiblement convexe, subcaréné, depuis un peu avant le milieu jusqu'un peu avant l'extrémité. Les *épaules* sont arrondies, peu saillantes.

Dessous du corps faiblement convexe; rugueusement ponctué, densement couvert de poils squamuliformes blanchâtres, plus longs que ceux du dessus du corps; assez brillant; testacé, avec le métasternum obscur.

Pieds médiocres; rugueusement ponctués; d'un testacé pâle; garnis d'une pubescence blanchâtre. *Cuisses* médiocrement renflées dans leur milieu; munies d'une dent aiguë : les antérieures un peu plus longues que les autres. *Tarses* assez courts; d'un testacé un peu roussâtre; garnis en dessous d'une brosse de poils blanchâtres.

Patrie : Avignon, Aubagne. Mai, juin. Sur le peuplier blanc.

Obs. Cette espèce est intermédiaire entre l'*Erirhinus tortrix*, Lin., et l'*Erirhinus filirostris*, Sch. Elle diffère de tous deux par sa couleur farineuse; du premier, par son rostre beaucoup plus long et plus grèle et par ses antennes à funicule composé d'articles beaucoup plus allongés : du second, par sa forme un peu plus épaisse, par ses élytres un peu plus convexes, et par son rostre plus sensiblement arqué.

Bagous minutus.

Subelongatus, parùm convexus, piceo-niger, densè cinereo-squamosus, crebrè tenuitèr granulatus; tibiis, tarsis antennisque testaceis; his clavá nigrá, apice griseo-tomentosá; femoribus infuscatis. Rostro valido, arcuato; prothorace levitèr transverso, modice lateribus ampliato, anticè constricto, dorso subæquali. Elytris profundiùs sulcato-striatis, striis impunctatis; interstitiis latiusculis, subconvexis, quinto apice calloso. Antennis brevibus; pedibus subelongatis; tarsis gracilibus.

Long. 0^m,0027 (1 l.). — Larg. 0^m,001 (1/3 l.).

Corps suballongé, oblong; peu convexe; finement granulé; densement couvert de squamules grisâtres.

Tête très-peu saillante, fortement engagée dans le prothorax ; finement granuleuse, et entièrement recouverte de
squamules grisâtres. *Vertex* faiblement convexe. *Front* plan
et large. *Rostre* épais ; à peu près de la longueur du prothorax ; sensiblement arqué ; très-faiblement élargi au sommet ; mat, obsolètement granulé et couvert de squamules
grisâtres depuis sa base jusque près de l'insertion des antennes ; obsolètement ponctué et d'un noir de poix assez brillant
à partir de celle-ci, avec l'extrémité ainsi que les *parties de
la bouche* d'un brun ferrugineux. *Yeux* grands ; subovalaires ;
très-peu saillants, noirs.

Antennes insérées peu après le milieu du rostre ; très-
courtes, dépassant un peu le bord antérieur du prothorax ;
brillantes ; presque glabres, ou avec quelques rares poils à
l'extrémité du funicule ; testacées, avec la massue d'un noir
très-brillant, lisse jusqu'aux deux tiers, garnie d'une pubescence tomenteuse et grisâtre dans le reste de sa longueur.
Scape atteignant à peine les yeux ; assez solide ; faiblement
renflé en massue à sa partie supérieure : le premier article
du *funicule* assez court et renflé : le deuxième beaucoup plus
grêle et allongé ; les troisième à septième courts, transversaux, très-serrés. *Massue* oblongue, acuminée.

Prothorax transversal, un peu moins long que large ; d'un
tiers environ plus étroit que les élytres ; tronqué à la base,
largement échancré au sommet, avec les lobes latéraux arrondis, s'avançant sur les yeux ; faiblement convexe ; à peine
plus étroit en avant qu'en arrière ; assez sensiblement étranglé, surtout sur les côtés, avant son extrémité ; assez fortement arrondi sur les côtés avant le milieu ; finement granulé et densement couvert de squamules grisâtres.

Ecusson petit ; subarrondi ; rugueux ; grisâtre.

Elytres deux fois et demie plus longues que le prothorax,
faiblement et simultanément échancrées à la base ; subparallèles jusqu'aux deux tiers de leur longueur, puis rétrécies en
pointe arrondie au sommet ; très-faiblement convexes ; den-

sement couvertes de squamules grisâtres ; assez fortement striées-canaliculées, avec le fond des stries paraissant imponctué. Les *intervalles* sont assez larges, légèrement convexes, chargés d'une granulation fine et serrée, aplatie et et comme ocellée; ils sont parés en outre chacun d'une série de soies brillantes, pâles, très-courtes, à peine visibles, ou seulement à un certain jour : le cinquième à partir de la suture terminé par un calus oblong, assez sensible. *Epaules* peu saillantes, largement arrondies.

Dessous du corps légèrement convexe ; finement granulé ; densement couvert de squamules grisâtres.

Pieds assez allongés. *Cuisses* légèrement renflées après leur milieu; chargées d'une granulation très-aplatie, ocellée ; d'un testacé obscur encore plus rembruni vers le sommet ; offrant en dessous quelques poils rares et brillants. *Tibias* recourbés en dedans à leur extrémité; flexueux à leur arête interne, où ils sont munis, à l'angle apical, d'un crochet assez développé ; testacés, et ciliés en dessous de quelques longs poils blanchâtres et brillants. *Tarses* grêles, étroits; ciliés; testacés, égalant au moins les deux tiers de la longueur des tibias.

PATRIE : Aiguemortes, Hyères. Printemps.

Obs. Cette espèce est voisine du *Bagoüs biimpressus*, Sch.; mais elle est plus petite, son prothorax est plus égal, et les stries des élytres sont imponctuées.

Ceuthorhynchus mixtus.

Brevitèr ovatus, subdepressus, opacus, nigro-piceus, suprà squamulis fulvis albidisque mixtus, infrà griseo-albido squamosus ; antennis piceis; tarsis testaceis. Rostro elongato, arcuato, rugoso-punctato , nudo, apice lœvigato. Capite prothoraceque crebrè rugoso-punctatis ; hoc transverso, bituberculato, apice angustiore et constricto, antè scutellum profundè impressso. Elytris subquadratis , tenuitèr striato-punctatis ; interstitiis planis rugoso-punctatis. Antennis gracilibus , clavâ elongatâ. Pedibus subelongatis ; femoribus levissimè incrassatis, anticis obtusè, posticis acutè dentatis.

Long. 0^m,0026 (1 1.). — Larg. 0^m,0017 (2/3 1.).

Corps en ovale court; subdéprimé; d'un noir de poix; rugueusement ponctué; couvert en dessous de squamules blanchâtres, en dessus de squamules fauves mélangées de squamules blanches.

Tête transversale; subdéprimée; densement et rugueusement ponctuée; garnie de squamules fauves, blanchissantes sur les côtés et sur le *front*. Celui-ci déprimé. *Rostre* presque de la longueur de la tête et du prothorax réunis; nu ou avec quelques rares squamules à la base; d'un noir mat et rugueusement ponctué jusqu'à l'insertion des antennes, presque tout à fait lisse et brillant après celle-ci. *Parties de la bouche* d'une couleur de poix ferrugineuse. *Yeux* grands; ovalaires; légèrement convexes, noirs.

Antennes grèles; dépassant le milieu du prothorax; insérées après les deux tiers du rostre; pubescentes; couleur de poix, avec l'extrémité du scape et la massue un peu plus claires. *Scape* grèle, légèrement renflé en massue à son sommet : premier article du *funicule* allongé, obconique, assez épais : le deuxième beaucoup plus grèle, allongé : le troisième oblong, obconique : les quatrième à septième à peine plus longs que larges : la *massue* grande, très-allongée, acuminée, densement pubescente, aussi longue que les cinq articles précédents réunis.

Prothorax transversal, d'un tiers plus court que large; près d'un tiers plus étroit que les élytres à sa base; largement échancré au sommet; coupé un peu obliquement à la base; d'une moitié plus étroit en avant qu'en arrière; sensiblement étranglé avant son bord antérieur qui est passablement relevé, subdéprimé, densement et rugueusement ponctué; muni de chaque côté après le milieu d'un tubercule peu aigu, mais assez saillant; marqué à la base au-devant de l'écusson d'une impression punctiforme profonde, envahissant l'écusson lui-même et s'étendant en avant un peu en mourant sur le dis-

que ; garni en outre de squamules piliformes, longitudinalement ou obliquement couchées, d'un fauve obscur, entremêlées, surtout en arrière et sur les côtés, de squamules
blanchâtres.

Ecusson enfoncé, invisible.

Elytres deux fois et quart plus longues que le prothorax ;
formant ensemble un carré arrondi aux angles et un peu plus
étroit en arrière ; un peu obliquement coupées à la base ;
obtusément et individuellement arrondies au sommet ; très-
faiblement convexes ; d'un noir de poix peu brillant ; assez
finement striées-ponctuées. Les *intervalles* sont assez larges,
plans, rugueux, parés chacun de trois séries de squamules
piliformes fauves, entremêlées, surtout à la base, sur les
côtés et en arrière, de squamules plus grossières, triangulaires, blanchâtres. Ces dernières, un peu plus condensées
autour de l'écusson, y forment une espèce de tache oblongue,
irrégulière, peu apparente. *Epaules* assez saillantes.

Dessous du corps assez convexe ; assez fortement ponctué ;
assez densement couvert de squamules triangulaires, blanchâtres sur les côtés du prothorax et de la poitrine, un
peu blondes sur le milieu de la poitrine et sur le ventre.

Pieds assez allongés ; garnis de squamules piliformes blanchâtres ; obscurs, avec les tarses testacés et les ongles noirs.
Cuisses légèrement renflées après leur milieu : les antérieures
obsolètement, les intermédiaires et les postérieures assez
fortement et aigument unidentées en dessous. *Tibias* assez
solides ; d'un ferrugineux de poix à leur sommet, où ils sont
comme brûlés et garnis de poils fins et d'un roux obscur.
Tarses allongés ; portant en dessous une brosse serrée de
poils blanchâtres ; à pénultième article très-large et fortement
bilobé.

Patrie : Hyères. Mars.

Obs. Cette espèce se rapproche un peu du *Centhorhyn-
chus grypus*, Hbst. (*quercicola*, F.) ; mais elle s'en éloigne
par sa forme beaucoup plus large et plus déprimée, et par la
couleur des tarses.

Gymnetron simus.

Oblongo-ovatus, subdepressus, parùm nitidus, longiùs fusco fulvoque pi-
losellus, niger ; antennis (clavâ exceptâ fuscâ), femorum apice, tibiis, tar-
sis, elytrisque rufo-testaceis : his suturâ faciisque duabus transversis nigris,
extùs abbreviatis Rostro crasso, brevi, ruguloso, apice attenuato. Capite
prothoraceque grossè punctatis ; hoc brevi, transverso , lateribus rotundato,
albido-villoso-trilineato. Scutello albido-villoso. Elytris striato-punctatis,
vittâ humerali fasciâque posticâ albido-pilosellis ; interstitiis planis, seria-
tim punctatis. Antennis brevissimis. Pedibus brevibus , griseo-hirtis ; femo-
ribus modicè incrassatis, muticis.

Long. 0^m,0015 à 0^m,002 (2/3 à 3/4 l.). — Larg. 0^m,009 à 0^m,0011
(1/3 à 1/2 l.).

Var. A. *Elytres* d'un rouge testacé avec la suture (moins
l'extrémité) et une tache discoïdale noires.

Var. B. *Cuisses* entièrement d'un rouge testacé.

Var. C. Toute la partie postérieure des *élytres* hérissée de
longs poils blanchâtres.

♂ *Rostre* à peine aussi long que la tête. *Pygidium* vertical.
Ventre très-convexe.

♀ *Rostre* un peu plus long que la tête. *Pygidium* un peu
oblique. *Ventre* faiblement convexe.

Corps ovale oblong ; subdéprimé ; peu brillant ; hérissé de
longs poils plus ou moins redressés.

Tête légèrement transversale ; assez saillante ; faiblement
convexe ; noire ; couverte d'une ponctuation assez grossière,
mais peu serrée ; hérissée de longs poils redressés , d'un
fauve obscur. *Front* plan ; obsolètement sillonné sur son
milieu. *Rostre* épais ; très-court ; atténué au sommet ; déprimé
à la base dans sa partie médiane ; ruguleux sur les côtés ;
d'un noir assez brillant au sommet ; hérissé de quelques longs
poils d'un fauve obscur. *Parties de la bouche* d'une couleur
de poix plus ou moins ferrugineuse. *Yeux* grands ; ovalaires ;
peu saillants ; noirs.

Antennes très-courtes, dépassant à peine le bord antérieur

du prothorax ; insérées près de l'extrémité du rostre ; pilosellées ; d'un roux-testacé, avec la massue obscure, pubescente.
Scape court ; en forme de massue : le premier article du
funicule épais, globuleux : le deuxième beaucoup plus grèle ,
obconique : les troisième et quatrième petits, transversaux :
le cinquième plus large , très-fortement transversal, lenticulaire : *massue* grande, ovale-oblongue, obtuse.

Prothorax transversal, d'un tiers moins long que large ;
d'un tiers plus étroit que les élytres ; près d'une moitié plus
étroit en avant qu'en arrière ; tronqué au sommet, obtusément arrondi à la base ; légèrement convexe ; d'un noir de
poix ; couvert de points grossiers, circulaires et peu serrés ;
garni de longs poils redressés d'un fauve obscur ; paré en
outre de trois bandes longitudinales, composées de longs
poils d'un blanc vif : une de chaque côté, une au milieu :
celle-ci plus large en arrière.

Ecusson subarrondi ; assez grand ; garni de poils blancs
et couchés.

Elytres près de trois fois plus longues que le prothorax ;
très-faiblement et simultanément échancrées à la base ; fortement et simultanément arrondies au sommet ; subparallèles
ou très-légèrement arrondies sur les côtés ; subdéprimées ;
d'un rouge testacé, avec la suture (moins l'extrémité) et deux
bandes transversales noires, légèrement obliques et n'atteignant point les côtés : la première vers le milieu : la deuxième
un peu avant le sommet ; hérissées de longs poils fauves,
redressés, et parées en outre d'une bande subhumérale et
d'une bande transversale composées de longs poils d'un
blanc vif, en partie couchés : la dernière située sur la partie
rouge entre la première et la deuxième bande noire ; garnies
sur leurs bords de longs poils grisâtres et redressés, plus
serrés et divergeant à l'angle sutural ; rayées de stries peu
profondes et ponctuées. *Intervalles* assez étroits ; plans ; obsolètement ridés en travers, et offrant chacun une série de
points enfoncés et rugueux. *Épaules* assez saillantes.

Dessous du corps assez convexe; d'un noir brillant; grossièrement ponctué ; garni de poils peu serrés et grisâtres. *Pygidium* rugueusement ponctué ; noir.

Pieds courts. *Cuisses* médiocrement renflées dans leur milieu, mutiques; obsolètement ridées en travers ; hérissées de
soies blanchâtres ; d'un noir de poix assez brillant, avec le
sommet ferrugineux. *Tibias* assez solides , obsolètement rugueux ; d'un rouge testacé ; hérissés , surtout en dehors, de
longues soies blanchâtres. *Tarses* assez courts; d'un rouge
testacé , avec les ongles obscurs.

Patrie : Marseille, Avignon, Hyères. Mars, Avril, Mai. Sous
les pierres et dans les trous des vieilles murailles , en com-
pagnie de *fourmis* et de la *Tagenia minuta.*

Obs. Cette espèce intéressante qu'on prendrait volontiers,
au premier abord, pour le *Gymnœtron labilis ,* Hbst., s'en
distingue essentiellement par la longueur des poils dont le
corps est hérissé, par la brièveté de son rostre visiblement
atténué au sommet, et par les bandes noires des élytres
moins obliques.

Rhyncolus filum.

*Filiformis, subcylindricus, subdepressus , nitidus, glaber, nigro-piceus,
pedibus antennisque rufo-ferrugineis : his clavâ dilutiore. Rostro brevi,
crassissimo , attenuato, punctulato. Prothorace elongato , fortitèr grossè
punctato. Elytris parallelis , fortitèr sulcato-subcrenato-punctatis ; interstitiis angustis, convexis , seriatìm parcè punctulatis. Antennis pedibusque
brevibus; femoribus medio valdè incrassatis, compressis. Tarsis tenuibus.*

Long. 0ᵐ,0035 (1 1/3 l.). — Larg. 0ᵐ,0007 (1/4 l.).

Corps subcylindrique, filiforme , très-étroit ; glabre ; grossièrement ponctué ; d'un noir de poix brillant.

Tête très-courte, fortement transversale ; fortement engagée dans le prothorax; à peine plus étroite que lui ; très-
convexe; d'un noir de poix brillant ; parcimonieusement ponctuée sur le vertex, plus densement sur le *front.* Celui-ci

très-large, convexe. *Rostre* court, épais ; aussi large que la
tête à la base, atténué vers l'extrémité ; convexe en dessus
et ne paraissant faire qu'un avec la tête ; d'un noir de poix
brillant; assez densement ponctué; très-faiblement et largement subéchancré à son sommet; cilié à son bord apical
de quelques soies blondes assez longues. *Parties de la bouche*
d'une couleur de poix ferrugineuse, avec les mandibules un
peu plus obscures : celles-ci assez saillantes. *Yeux* obovales ;
médiocres ; déprimés; noirs.

Antennes très-courtes, dépassant un peu le bord antérieur
du prothorax ; insérées vers le milieu du rostre ; d'un roux
ferrugineux, avec la massue d'un testacé pâle. *Scape* assez
solide , sensiblement renflé en massue à son sommet. *Funicule* pas plus long que le scape; cilié de quelques poils blonds :
à premier article obconique , assez grand : les autres courts,
fortement transversaux, très-serrés : *massue* pubescente :
brièvement ovalaire , subacuminée.

Prothorax allongé, subcylindrique; près d'une moitié plus
long que large ; presque aussi large que les élytres ; tronqué
à la base et au sommet; faiblement étranglé avant celui-ci
sur les côtés ; très-légèrement élargi et arrondi en arrière au-
devant des angles postérieurs ; muni à sa base d'un rebord
très-fin qui forme aux angles postérieurs mêmes une espèce
de petit bourrelet arrondi; longitudinalement subdéprimé à
sa partie médiane; d'un noir de poix brillant, avec le bord
apical un peu roussâtre et translucide; couvert d'une ponctuation très-grossière, très-forte, peu serrée, beaucoup plus
fine et plus serrée au-devant de l'étranglement.

Ecusson petit ; transversal ; lisse ; d'un noir de poix
brillant.

Elytres deux fois plus longues que le prothorax ; tronquées
à la base ; largement et simultanément arrondies au sommet;
subcylindriques; longitudinalement subdéprimées à la région
suturale; à côtés subparallèles jusqu'aux 5/6 de leur longueur; d'un noir de poix brillant , avec la partie réfléchie

roussâtre , translucide ; creusées de stries grossièrement ponctuées-subcrénelées, assez faibles en avant, mais postérieurement très - profondes. *Intervalles* étroits ; assez convexes ; lisses, et parés chacun d'une série de petits points enfoncés , écartés. *Suture* tout à fait déprimée à sa base derrière l'écusson, assez élevée dans le reste de son étendue. *Epaules* peu saillantes ; d'une couleur de poix , quelquefois un peu ferrugineuse.

Dessous du corps assez convexe ; d'un noir de poix brillant ; grossièrement ponctué.

Pieds courts ; d'un roux-ferrugineux brillant. *Cuisses* fortement dilatées , latéralement comprimées. *Tibias* solides ; munis à l'angle externe d'un assez fort crochet recourbé en dedans : les intermédiaires et les postérieurs s'élargissant en triangle à l'extrémité : les antérieurs , plus longs et moins larges , légèrement sinués ou échancrés vers les deux tiers de leur tranche interne , où ils sont ciliés de poils blonds , et offrent une petite dent, située à l'angle interne de leur sommet. *Tarses* étroits ; d'un testacé un peu rougeâtre : les intermédiaires et les postérieurs assez grêles, aussi longs que les tibias, leur quatrième article presque aussi long que les trois précédents réunis : les antérieurs moins grêles, plus courts que les tibias.

PATRIE : Hyères. Juin. Parmi les débris végétaux accumulés sur le rivage de la mer.

Obs. Dans cette petite espèce, la ponctuation et les stries sont à peu près celles du *Rhyncolus porcatus*, Germ.; mais l'exiguïté de sa taille, sa forme étroite et parallèle, ne permettent de la confondre avec aucune de ses congénères.

DESCRIPTION

DE

DEUX CRYPTOCÉPHALIDES NOUVEAUX

OU PEU CONNUS,

PAR

E. MULSANT et Cl. REY.

Cryptocephalus brachialis.

Oblongus, subcylindricus, convexus, nitidus; infrà niger, passim pallido-maculatus; suprà rufo-testaceus, labro, clypeo capitisque lateribus, prothoracis angulis limbisque laterali et antico, pallidis. Antennis elongatis, testaceis, apice obscuris. Elytris piceo-testaceis, margine dilutiore, maculâ humerali discoque postico infuscatis. Fronte planâ, medio tenuitèr canaliculatâ. Prothorace transverso, fortiùs basi bissinuato. Elytris antice fortiùs, postice obsoletiùs punctato-striatis; humeris prominulis; interstitiis planis, lœvibus. Pedibus modicis; tibiis anticis intùs abruptè recurvis. Pygidio pubescente, convexiusculo, rugoso, nigro, pallido-maculato. ♂.

Long. 0ᵐ,009 (1/4 l.). — Larg. 0ᵐ,0019 (2/9 l.).

♂ *Dernier arceau ventral* sans fossette. *Tibias antérieurs* assez développés, brusquement recourbés en dedans vers les deux tiers de leur longueur, et creusés en dessous, à partir de cet endroit jusqu'au sommet, d'une gouttière assez large, supérieurement limitée de chaque côté par une lame triangulaire ou dent, dont l'extérieure plus aiguë. *Tibias intermédiaires* solides, légèrement arqués, s'élargissant assez sensiblement vers leur extrémité. *Tibias postérieurs* un peu moins épais que les intermédiaires, très-faiblement arqués, assez visiblement échancrés ou incisés avant l'extrémité de leur tranche interne.

♀ Inconnue.

Corps oblong, convexe, brillant, glabre ; d'un testacé plus ou moins rougeâtre en dessus, avec une tache indécise sur les élytres et le calus huméral obscurs.

Tête verticale, peu saillante, engagée dans le prothorax ; pâle sur les côtés, d'un testacé rougeâtre au milieu. *Front* plan ; obsolètement ponctué ; marqué sur son milieu d'un petit sillon longitudinal obscur, n'atteignant point *l'épistome*. Celui-ci grand ; triangulaire ; pâle ; obsolètement et éparsement ponctué ; assez fortement échancré au sommet. *Labre* transversal ; pâle ; subsinué à son bord apical. *Parties de la bouche* d'un testacé rougeâtre. *Yeux* très-grands ; réniformes ; noirs, subdéprimés.

Antennes grèles ; plus longues que la moitié du corps ; légèrement pubescentes ; brunes, avec les cinq premiers articles, et la base du sixième testacés : la base des septième et huitième plus ou moins roussâtre : le premier assez épais, arqué, en massue ; le deuxième un peu moins épais, assez court : les troisième à cinquième allongés, grèles : le quatrième un peu plus long que le troisième, et le cinquième un peu plus que le quatrième : les autres allongés, un peu élargis à leur sommet ; obtusément dentés en scie intérieurement, le dernier allongé, subacuminé.

Prothorax presque de la largeur des élytres à sa base ; fortement transversal, d'un tiers moins long que large ; largement et faiblement échancré au sommet ; fortement bissinué à la base ; légèrement arrondi sur les côtés ; très-convexe en avant ; presque lisse ; d'un testacé rougeâtre brillant, avec le bord antérieur, la marge latérale et les angles pâles : les antérieurs droits : les postérieurs aigus, prolongés en arrière.

Ecusson oblong ; lisse ; pâle ; étroitement rembruni à son pourtour.

Elytres deux fois et deux tiers plus longues que le prothorax ; obtusément et individuellement arrondies au sommet ; à côtés subparallèles ou à peine rétrécis derrière les épaules ;

d'une couleur de poix testacée ; brillante , avec la base et la suture très-étroitement rembrunies ; une tache humérale brunâtre , et une bande transversale obscure, indéterminée, commune aux deux élytres : celle-ci tendant à se réunir latéralement à la première par une traînée nébuleuse, comme pour former une bande longitudinale légèrement oblique : bords latéraux jusqu'au delà de la moitié, ainsi que la partie réfléchie, d'une couleur plus pâle ; marquées des stries de points enfoncés assez forts vers la base, mais s'affaiblissant graduellement en approchant du sommet, sans cependant cesser jamais d'être visibles. *Intervalles* assez larges ; plans et lisses. *Calus huméral* assez saillant, oblong , lisse.

Pygidium oblique ; légèrement convexe ; pubescent ; rugueux; brunâtre, avec une tache pâle de chaque côté à la base. *Dessous du corps* assez convexe ; obsolètement ridé ou chagriné en travers, avec les côtés de la poitrine et le dernier segment ventral rugueusement ponctués ; d'un noir de poix assez brillant, avec le milieu et les côtés du prosternum, les épimères du mésosternum, et une tache oblongue de chaque côté du dernier segment ventral, pâles : celui-ci d'un roux de poix à son sommet.

Pieds assez forts ; légèrement pubescents ; d'un testacé un peu rougeâtre , avec les hanches pâles. *Cuisses* épaisses. *Tarses* assez robustes ; assez allongés ; avec les crochets obscurs.

Patrie : Hyères. Juin.

Obs. Cette espèce , dont nous ne connaissons que le mâle, se distingue de toutes ses voisines par la singulière conformation des tibias antérieurs. Il diffère en outre des variétés pâles du *Cryptocephalus pusillus*, Fab., par les points des stries plus gros et plus écartés.

Pachybrachys sinuatus.

Oblongus, levitèr convexus, subcylindricus, infrà sericeo-pubescens, suprà glaber, nitidulus, niger; pygidio convexo, concolore; antennarum basi piceo-testaceâ; pedibus rufo pallidoque variegatis; capite, prothorace elytrisque luteo-maculatis. Capite prothoraceque punctatis; hoc transverso. obliquè basi impresso, postice lateribus modicè ampliato; elytris basi confusè, postice obsoletiùs irregularitèr subseriatìm punctatis. Antennis gracilibus; pedibus modicis, femoribus levitèr incrassatis.

Long. 0^m,004 (1 3/4 l.). — Larg. 0^m,0024 (1 l.).

♂ *Cuisses antérieures* testacées avec les genoux et une tache oblongue sur la tranche supérieure d'un noir de poix. *Cuisses intermédiaires* d'un testacé roussâtre, avec la face interne rembrunie au sommet, leur face externe plus pâle : les genoux, une tache oblongue à la tranche supérieure et inférieure d'un noir de poix. *Dernier segment* ventral offrant sur son milieu une large dépression lisse, brillante, peu profonde ; bordé sur les côtés de poils grisâtres. *Epistome* d'un jaune pâle, étroitement bordé de noir à son bord antérieur. *Front* d'un jaune pâle, avec un trait longitudinal un peu enfoncé, noir, partant du milieu et se prolongeant en arrière, le plus souvent, jusqu'au vertex qui est lui-même assez étroitement bordé de noir le long du prothorax ; offrant en outre une petite tache brune au-dessus de l'insertion des antennes.

♀ *Cuisses antérieures* d'un noir de poix avec le sommet et la partie inférieure pâle, la tranche supérieure restant noire. *Cuisses intermédiaires* d'un noir de poix avec la base un peu roussâtre et une grande tache oblongue pâle avant le sommet à leur partie extérieure. *Dernier segment ventral* offrant sur son milieu une grande fossette arrondie, profonde, à fond mat et rugueux. *Epistome* d'un jaune pâle, avec deux taches rembrunies, une inférieure, l'autre supérieure, souvent réunies par un trait de même couleur. *Front* d'un jaune pâle, avec un trait rembruni au-dessus de l'insertion des antennes, se divisant à sa partie supérieure en deux fourches, dont l'une va rejoindre le vertex en longeant le bord intéro-supérieur des yeux, et dont l'autre va se lier à un trait longitudinal médian , légèrement enfoncé , noir et postérieurement réuni lui-même au vertex qui est aussi bordé de noir.

Corps oblong, subcylindrique ; légèrement convexe ; d'un noir assez brillant, varié de taches jaunes plus ou moins pâles.

Tête verticale ; grande ; profondément engagée dans le prothorax. *Front* plan, éparsement ponctué, un peu plus densement au-dessus de l'insertion des antennes et dans le trait longitudinal ; noir. *Epistome* assez fortement échancré ; éparsement ponctué. *Labre* transversal; pâle ; sinué et cilié de poils soyeux à son bord antérieur. *Parties de la bouche* d'un brun de poix plus ou moins roussâtre. *Yeux* très-grands; réniformes ; peu saillants ; noirs.

Antennes grèles ; finement pubescentes ; dépassant le milieu du corps : le premier article gros, arrondi et dilaté en dedans : le deuxième moins épais, assez court : le troisième oblong, plus grèle : les quatrième et cinquième grèles , très-allongés : les autres allongés , presque égaux , obtusément subdentés en scie en dedans : le dernier, acuminé ; plus ou moins obscures , avec les cinq premiers articles testacés en dessous, un peu rembrunis en dessus.

Prothorax transversal, un peu plus étroit que les élytres ; d'un bon tiers moins long que large ; tronqué au sommet; légèrement bissinué à la base ; finement rebordé à son pourtour et relevé au-devant de l'écusson ; sensiblement élargi et arrondi sur les côtés après leur milieu, avec les angles antérieurs droits , les postérieurs obtus et paraissant comme dentés à leur sommet; faiblement convexe ; d'un noir de poix assez brillant, avec les bords antérieurs et latéraux , deux taches allongées à la base, deux taches arrondies derrière les yeux , et un trait longitudinal, d'un jaune plus ou moins pâle : celui-ci s'arrêtant en arrière à peu près vers le milieu, confluent en avant, ainsi que les taches arrondies, avec la bordure antérieure ; creusé de chaque côté, au-devant de la base, d'une impression oblique, plus ou moins sentie, limitée postérieurement par un bourrelet élevé; couvert en outre d'une ponctuation assez forte, peu serrée, ordinairement encore plus rare sur les parties jaunes et surtout au-devant des angles postérieurs, le long des bords latéraux.

Ecusson assez grand; tronqué au sommet; trapéziforme; postérieurement relevé; lisse, d'un noir brillant, et souvent taché de jaune en arrière.

Elytres deux fois et demie plus longues que le prothorax; obliquement et obtusément tronquées au sommet et à la base, relevées en rebord à celle-ci; arrondies à l'angle postéro-externe; subparallèles, ou légèrement étranglées derrière les épaules; faiblement convexes; d'un noir de poix assez brillant, avec le rebord de la base, le tour de l'écusson, les bords latéraux et une grande tache apicale d'un jaune plus ou moins pâle, parées d'une bande longitudinale flexueuse, de même couleur, s'étendant depuis la base en dedans des épaules jusqu'aux trois quarts de la longueur des élytres, et deux fois largement liée en dehors à la bordure marginale : une fois derrière le calus huméral, l'autre fois vers les deux tiers de la longueur des élytres, de sorte que celles-ci paraissent comme bordées d'une large ceinture jaune interrompue avant le sommet, et enclosant deux grandes taches noires : une au calus huméral même, l'autre vers le milieu : la tache apicale émet obliquement sur le disque un appendice large, tendant à aller se réunir à la partie intéro-inférieure de la bande flexueuse, et projette le long de la suture, un trait étroit, remontant jusqu'à la hauteur du milieu, où il se dilate obliquement en dehors en forme d'une tache ovalaire, dont il paraît quelquefois à peine détaché : la bordure qui entoure l'écusson, émet aussi une tache oblongue, longeant, sans la toucher, la suture jusqu'au quart de sa longueur : le rebord sutural, le rebord postérieur, et le rebord marginal, restent étroitement noirs, à l'exception de la base de ce dernier; couvertes d'une ponctuation, généralement moins serrée sur les parties jaunes, assez forte et confuse à la base, obsolète et en stries irrégulières dans leur partie postérieure. *Calus huméral* lisse ; ovalaire ; assez saillant. *Repli* d'un jaune pâle en devant, noir ensuite jusqu'à l'extrémité.

Pygidium convexe ; rugueux ; légèrement soyeux ; noir sans tache.

Dessous du corps convexe ; rugueusement chagriné ; peu brillant; noir; assez densement garni d'une pubescence courte, grisâtre, soyeuse.

Pieds médiocres; finement pubescents. *Cuisses* latéralement subcomprimées, légèrement renflées; obsolètement chagrinées ou presque lisses. *Tibias* rugueusement chagrinés ; très-faiblement arqués : les antérieurs d'un testacé roussâtre avec une légère tache nébuleuse après leur milieu à leur face antérieure (♂), ou obcurs avec la base testacée, et le sommet un peu roussâtre (♀): les intermédiaires et les postérieurs obscurs avec la base plus ou moins ferrugineuse. *Tarses* assez solides ; finement chagrinés; noirs.

Patrie : Grande-Chartreuse , Lyonnais.

Obs. Cette espèce est intermédiaire entre les *Tachybrachys hieroglyphicus* et *histrio*, avec lesquels on l'a sans doute confondue jusqu'ici. Elle diffère de tous les deux par son pygidium et le dernier segment ventral ordinairement immaculés : du premier, par sa forme un peu plus courte, ses élytres généralement moins lavées de jaune, et ses pieds plus obscurs ; du deuxième, par sa forme moins raccourcie et par ses élytres plus lavées de jaune. La disposition constante des taches des élytres, toujours moins confluentes, l'absence complète d'une petite tache jaune derrière la tache postoculaire du prothorax, sont des caractères suffisants pour distinguer notre espèce du *Tachybrachys hieroglyphicus* avec lequel on pourrait plus facilement la confondre.

DE PHALERIA

(Coléoptères latigènes)

PAR

E. MULSANT et Cl. REY.

Phaleria Reveillerii.

Ovale oblongue; peu convexe. Tête et Prothorax bruns : ce dernier élargi en ligne peu courbe jusqu'aux deux cinquièmes, puis à peine élargi en ligne droite ; rebordé dans toute sa périphérie, orné de chaque côté d'une tache blonde, à limites peu nettes. Ecusson brun. Elytres à stries peu profondes et pointillées ; blondes, à suture obscure jusqu'à la moitié ; parées chacune d'une tache commune, formant postérieurement vers la moitié de la suture un angle très-ouvert, étendue jusqu'aux cinquième ou sixième intervalles pairs. Dessous du corps brun, avec l'antépectus blond. Pieds d'un flave testacé.

♂ Trois premiers articles des tarses antérieurs, surtout les deuxième et troisième, dilatés et garnis de poils en dessous.

♀ Tarses antérieurs non dilatés.

Long. 0ᵐ,0067 (3 l.). — Larg. 0ᵐ,0033 (1 1/2 l.).

Corps ovalaire ; arqué longitudinalement ; médiocrement convexe ; glabre ; peu luisant. *Tête* marquée de points médiocrement serrés, séparés par des espaces imperceptiblement pointillés ; transversalement déprimée sur la suture frontale ; brune ou en partie d'un brun testacé. *Epistome* obtusément arqué en devant. *Palpes* et *Antennes* d'un testacé roussâtre :

celles-ci, garnies de poils courts. *Yeux* noirs ; entamés par les joues. *Prothorax* assez faiblement échancré en arc en devant ; élargi d'abord en ligne peu courbe jusqu'aux deux cinquièmes au moins de ses côtés, puis subparallèle ou à peine élargi en ligne droite jusqu'aux angles postérieurs ; tronqué ou à peine bissinué à la base, vers chaque tiers externe de celle-ci ; à angles postérieurs peu ou point émoussés ; muni dans toute sa périphérie d'un rebord étroit, également distinct sur toute la largeur de sa base, un peu moins apparent sur le milieu de son bord antérieur ; moins d'une fois plus large à la base que long sur son milieu ; médiocrement convexe ; superficiellement pointillé ; rayé, au devant de chaque quart externe de la base, d'une ligne longitudinale courte, non prolongée jusqu'au bord postérieur ; brun, marqué de chaque côté d'une tache d'un flave testacé, couvrant le bord latéral depuis les angles de devant jusqu'aux quatre cinquièmes de sa longueur, étendue en dedans jusqu'au quart de la largeur, vers la moitié de sa longueur, rétrécie ensuite en ligne oblique à partir de ce point jusqu'à l'angle sutural ou un peu moins, à limites peu nettement tranchées. *Ecusson* en triangle à côtés curvilignes, près d'une fois plus large que long ; brun. *Elytres* à peine plus larges en devant que le prothorax ; ovalaires, élargies en ligne courbe assez faible jusqu'au quart environ de leur longueur, en ogive obtuse dans leur seconde moitié ; rebordées latéralement ; très-médiocrement convexes ; à neuf stries peu profondes, marquées sur leur moitié antérieure de petits points peu distincts postérieurement : les quatrième et cinquième plus courtes, prolongées jusqu'aux cinq septièmes, encloses par les troisième et sixième, prolongées jusqu'aux cinq sixièmes : les deuxième et septième et première et neuvième, postérieurement unies ; blondes ou d'un flave testacé ; brunes ou brunâtres à la suture jusqu'à la moitié de leur longueur ; ornées chacune d'une tache transverse noire, étendue depuis la suture jusqu'à l'extrémité du cinquième ou sixième intervalle ; formant postérieurement avec sa pareille un angle très-ouvert et dirigé en arrière, dont le sommet repose sur le milieu de la longueur de la suture ou un peu après : chacune de ces taches avancée environ jusqu'au quart antérieur sur le troisième intervalle, un peu moins sur les premier et cinquième, alternativement plus courtes sur les intervalles pairs, c'est-à-dire sur les deuxième, quatrième et sixième que sur les autres. *Intervalles* presque plans ; imperceptiblement pointillés. *Dessous du corps* flave sur l'antépectus, brun sur le reste. *Ventre* garni de poils clairsemés courts, subspinosules. *Posternum* presque en fer de lance, rétréci, après les hanches, en pointe ou en angle trèsaigu prolongé notablement après le bord postérieur de l'antépectus ; rebordé latéralement jusques après les hanches. *Mésosternum* entaillé ; concave et rebordé. *Pieds* d'un flave testacé. *Jambes antérieures* comprimées, fortement élargies de la base à l'extrémité, denticulées sur les arêtes ; spinosules en dessous : les autres, à peine élargies, épineuses. *Tarses* grêles : premier article des postérieurs plus grand que les deux suivants réunis, un peu plus long que le dernier.

Cette espèce a été trouvée en Corse par MM. Reveillière, à qui nous l'avons dédiée.

Obs. Elle a beaucoup d'analogie avec la *Ph. cadaverina;* elle s'en distingue par une taille ordinairement plus faible ; par son prothorax élargi moins régulièrement sur les côtés, c'est-à-dire élargi en ligne peu courbe jusqu'aux deux cinquièmes et subparallèle ensuite ; muni d'un rebord uniformément évident à la base, apparent même dans le milieu de son bord antérieur ; plus en parallélogramme; autrement coloré ; par l'écusson et la majeure partie du dessous du corps, bruns ; par la tache des élytres aboutissant à la suture, plus prolongée en arrière sur celle-ci.

DESCRIPTION

D'UNE

ESPÈCE CONSTITUANT UN GENRE NOUVEAU

dans

LA FAMILLE DES MORDELLIENS

(Coléoptères Longipèdes.)

PAR

E. MULSANT et Cl. REY.

———o·C·-8⁄8-·O·o———

Genre *Conalia*, CONALIE.

CARACTÈRES. *Tibias postérieurs* sans dent sur leur arête dorsale; rayés sur leur face externe d'une hachure ou d'une ligne, naissant de leur angle postéro-externe et longitudinalement avancée au moins jusqu'à la moitié de la longueur desdits tibias, en s'écartant graduellement un peu du bord externe. *Antennes* subfiliformes, à deuxième article à peu près aussi gros et un peu moins long que le premier, presque aussi long que le troisième : les quatrième à dixième plus longs que larges, subcomprimés.

C. Baudii. *Suballongé; noire; revêtue en dessus d'un duvet brun et soyeux. Prothorax d'un quart plus large que long; à lobe médian obtusément arqué en arrière. Repli des élytres de la largeur des postepisternums : ceux-ci parallèles. Pygidium en cône à peine tronqué; court, à peine plus long que les quatre premiers arceaux du ventre, sur les côtés. Hypopygium égal aux trois cinquièmes postérieurs du pygidium. Tibias postérieurs rayés sur leur face externe d'une ligne longitudinalement avancée depuis leur angle postéro-externe jusqu'aux deux cinquièmes basilaires, en s'éloignant graduellement du bord externe. Eperon externe près d'une fois plus court que l'interne.*

Long. 0^m,0039 (1 l. 3/4). — Larg. 0^m,0034 (2/3 l.).

Corps suballongé ; noir ; garni d'un duvet soyeux et brun. *Tête* presque en ligne droite à son bord postérieur. *Palpes* noirs. *Antennes* prolongées jusqu'aux deux cinquièmes des élytres ; filiformes ; subcomprimées ; à premier article un peu renflé, faiblement plus long que large ; le deuxième, aussi gros à peine plus long que large : le troisième, d'un cinquième environ plus long que large : les quatrième à dixième plus longs que larges, obconiques, subdentés au côté interne : le dernier un peu plus long que le dixième. *Yeux* arqués à leur côté interne, presque contigus au bord postérieur, dont ils ne sont séparés que par un rebord de la tête uniformément très-étroit. *Prothorax* à peu près égal en devant à la largeur de la partie postérieure de la tête, un peu élargi d'avant en arrière ; bissinué à la base, avec la partie médiaire prolongée et obtusément arquée en arrière ; offrant vers la moitié de la largeur de chaque étui le point le plus avancé de chaque sinuosité basilaire, en ligne presque droite depuis ce point jusqu'à chacun des angles postérieurs qui est émoussé et peu ou point dirigé en arrière ; d'un quart moins long sur son milieu qu'il est large à la base ; convexe. *Ecusson* assez petit ; presque en demi-cercle. *Elytres* un peu moins larges en devant que le prothorax à ses angles postérieurs ; trois fois environ aussi longues que lui sur sa ligne médiane ; deux fois et quart à deux fois et demie aussi longues qu'elles sont larges à la base (prises ensemble) ; faiblement rétrécies d'avant en arrière, obtusément arrondies chacune à l'extrémité, mais seulement émoussées à l'angle sutural. *Repli* au moins aussi large que les postépisternums. *Pygidium* conique ; à peine tronqué très-étroitement et bifide, à son extrémité ; court, à peine plus long depuis l'extrémité du quatrième arceau ventral que les quatre premiers arceaux du ventre, sur les côtés. *Hypopygium* égal aux trois cinquièmes de la longueur du pygidium. *Dessous du corps* noir ;

pointillé ; garni de poils fins, soyeux, couchés, d'un cendré flavescent à certain jour. *Postépisternums* d'égale largeur, à peine arqués à leur côté interne, obliquement tronqués à l'extrémité ; près de quatre fois aussi longs qu'ils sont larges. *Pieds* noirs ; pubescents. *Tibias postérieurs* rayés, sur leur face externe, d'une hachure ou d'une ligne naissant de leur angle postero-externe et longitudinalement avancée jusqu'aux deux cinquièmes basilaires de leur longueur, vers les deux cinquièmes externes de la largeur de leur face externe. *Éperon externe* desdits tibias près d'une fois plus court que l'interne.

PATRIE : la Hongrie (collect. Baudi).

Nous avons dédié cette espèce remarquable à M. le comte Baudi di Selve, de Turin, qui cultive avec tant de succès la science entomologique. Puisse cet hommage lui offrir un faible témoignage de notre reconnaissance pour ses bienveillantes communications !

Obs. Les tarses manquaient à l'exemplaire unique d'après lequel cette description a été faite. Cet insecte néanmoins présente dans la direction et dans la longueur de la hachure, de ses tibias postérieurs un caractère assez singulier, pour permettre de le reconnaître sans peine entre toutes les autres espèces de cette famille.

DESCRIPTION

DE

quelques espèces nouvelles

DE

COLÉOPTÈRES DU GENRE BÉROSE,

par

E. MULSANT et Cl. REY.

1. B. Australiae.

Oblongus, convexus. Capite testaceo, frontis maximâ parte ustulatâ. Prothorace lateribus testaceo, dorso gradatim ustulato, lineâ mediâ pallidâ. Elytris testaceo griscescentibus, nigro subfaciatis, apice dente suturali et aliâ exteriori œquali armatis, spatio brevi, emarginato separatis ; punctulato striatis, striis 4-6 posticè lœvioribus. Intestitiis planis, punctatis : punctis posticè subobsoletis. Mesosterno lineâ elevatâ anticè evidentiori. Femoribus posticis ultra mèdium fusco-pubescentibus.

Enoplurus australasiae, Hope, *in* collect.

Long. 0^m,0064 (2 l. 7/8). — Larg. 0^m,0039 (1 l. 3/4).

Corps oblong ; convexe. *Tête* ponctuée, d'une manière plus fine sur l'épistome que sur le front ; d'un flave roux sur le premier et la partie antérieure du second, inégalement d'un roux brûlé sur le reste. *Antennes* et *Palpes* d'un flave roussâtre : dernier article des seconds, noir à l'extrémité. *Prothorax* peu sensiblement bissubsinueux à la base ; aussi finement et moins densement marqué de points obscurs que le front ; d'un roux testacé sur les côtés, graduellement d'un roux brûlé vers la ligne médiane qui reste plus claire. *Ecusson* brun ; densement ponctué. *Elytres* oblongues ; offrant vers la moitié de leur longueur leur plus grande largeur ; deux fois et demie environ aussi longues que leur plus grand diamètre transversal ; armées chacune de deux dents égales :

l'une à l'angle sutural , séparée d'une autre plus externe par une échancrure à peine égale en largeur au quart de sa base ; à stries non crénelées par des points très-rapprochés , un peu moins profondes en devant ; d'un testacé grisâtre , ornées chacune de deux ou trois bandes, formées par des taches, en général ovales ou oblongues , d'un noir violâtre : la première bande , peu apparente ou effacée, dirigée du calus vers le quart ou le tiers de la suture : la deuxième , d'abord transversale , sur les dixième à septième intervalles , vers le milieu de la longueur, puis obliquement dirigée de ce point vers les deux tiers de la suture : la troisième , subparallèle à la partie oblique de la précédente, commençant au septième intervalle , aux cinq septièmes de leur longueur et dirigée de là vers les quatre cinquièmes de la suture. Intervalles plans ; irrégulièrement ou presque unisérialement marqués de points obscurs , postérieurement moins apparents et donnant naissance à un poil court , souvent usé et indistinct. *Dessous du corps* brun. *Mésosternum* en ligne ou en carène peu élevée, graduellement moins faible à sa partie antérieure. *Métasternum* peu ou point tricuspide. *Pieds* d'un flave testacé : pubescence des cuisses, brune sur les intermédiaires et postérieure , prolongée sur celles-ci environ jusqu'aux deux tiers.

Patrie : l'Australie (collect. Hope).

Obs. Les sixième et septième stries sont plus courtes et pariales : les neuvième et dixième pariales et n'atteignent pas l'extrémité : la huitième se lie ordinairement à l'une des quatre premières : les quatrième, cinquième et sixième sont affaiblies ou réduites à des rangées de points.

Le cinquième arceau de l'exemplaire que nous avons eu sous les yeux est simple ; les tarses antérieurs manquaient.

2. **B. bidenticulatus.**

Oblongus convexus. Suprà fulvo aut fulvo-testaceo : epistomate, frontis parte anteriori, thoracis lateribus et lineâ longitudinali mediâ pallidioribus.

Elytris dente suturali, spatio brevi, emarginato, dente breviori separato, armatis; anticè striato-punctatis, posticè punctato-striatis ; interstitiis sub-planis, punctulatis. Mesosterno lineâ elevatâ subœquali. Femoribus posticis ultrà medium fusco pubescentibus.

Enoplurus bidenticulatus, HOPE, *in* collect.

Long. 0^m,0067 (3 l.). — Larg. 0^m,0036 (1 l. 2/3).

Corps oblong; convexe. *Tête* ponctuée, plus finement sur l'épistome que sur le front ; d'un roux testacé sur le premier et sur la moitié antérieure du second, d'un fauve obscur sur la partie postérieure. *Antennes* et *Palpes* d'un roux testacé. *Prothorax* peu ou point sensiblement bissubsinueux, à la base; ponctué comme le front ; d'un roux testacé ou couleur de cuir rouge , sur les côtés, graduellement d'un roux brunâtre, près de la ligne médiane qui reste de couleur plus claire. *Ecusson* d'un roux brunâtre ; à deux rangées de points, postérieurement convergentes. *Elytres* oblongues , offrant vers la moitié de leur longueur leur plus grande largeur, trois fois environ aussi longues que le diamètre transversal, le plus grand de chacune ; munies d'une petite dent à l'angle sutural , séparée par une échancrure étroite, à peine aussi large que le cinquième de la base, d'une dent plus extérieure à peine aussi prononcée ; à stries marquées de points très-rapprochés, presque réduites à des points dans leur tiers antérieur, graduellement moins légères ou plus profondes postérieurement ; couleur de cuir rouge ou d'un roux brunâtre ; marquées de taches brunes , souvent peu apparentes , formant 1° une bande d'abord dirigée transversalement, vers la moitié de la longueur, sur les onzième ou dixième à septième intervalles, puis obliquement de ce point aux trois cinquièmes de la suture ; 2° une autre rangée plus postérieure et moins apparente encore , correspondant à la partie oblique de la précédente. Intervalles à peu près plans ou faiblement convexiuscules , finement et très-légèrement pointillés : les deuxième et troisième égaux chacun , vers le milieu de leur longueur, à quatre ou cinq fois la largeur d'une strie. *Dessous du corps* brun. *Mésosternum* chargé d'une ligne élevée, à peu près égale. *Métasternum* peu distinctement tricuspide. *Pieds* d'un roux testacé : cuisses intermédiaires et postérieures revêtues d'une pubescence brune, prolongée sur celles-ci au moins jusqu'aux deux tiers de la longueur.

PATRIE : Madagascar (collect. Hope, Reiche).

3. B. Pubescens.

Oblongus, convexus. Capite violaceo ant violaceo viridi. Prothorace flavo testaceo, lineis duobus viridibus, vix abbreviatis, antennis medio coarctatis. Elytris flavo griscescentibus, striis lœvibus striato-punctulatis, interstitiis fusco-punctatis, piligeribus. Mesosternum lincâ elevatâ femoribus posticis ferè usque ad apicem flavo-cinerascenti pubescentibus.

Berosus pubescens (ESCHSCHOLTZ), (DEJEAN), catal. (1837) p. 147.

Long. 0^m,0030 (1 l. 1/3). — Larg. 0^m,0015 (2/3 l.).

Corps oblong ; convexe. *Tête* à peine moins finement et moins uniment ponctuée sur le front que sur l'épistome ; d'un violet métallique foncé, irisé de vert bronzé. *Antennes* et *Palpes* d'un flave testacé : dernier article des seconds à peine obscur à l'extrémité. *Prothorax* testacé ou d'un roux flave, paré de deux bandes d'un vert métallique, réunies à leurs extrémités en forme d'ovale allongé, prolongées sur les trois quarts médiaires de la longueur, entaillées ou rétrécies au milieu de leur côté externe, laissant de couleur foncière la ligne médiane qu'elles embrassent. *Ecusson* d'un flave grisâtre ; marqué de points obscurs, disposés sur deux lignes postérieurement convergentes. *Elytres* oblongues, offrant vers le milieu de leur largeur leur plus grande largeur, en ogive étroite à l'extrémité ; près de trois fois aussi longues que le diamètre transversal le plus grand de chacune ; à stries légères, étroites, ponctuées, peu ou point crénelées, rendues obscures par leurs points obscurs : ceux-ci, séparés les uns des autres par un espace à peine égal à leur diamètre ;

d'un flave roussâtre ou testacé ; marquées sur chacune des neuvième, huitième et septième stries, vers le milieu de la longueur, d'une petite tache formant une sorte de rangée transversale raccourcie; plus rarement notées à partir de la septième strie, de taches moins apparentes dirigées d'une manière oblique vers les trois cinquièmes de la suture. *Intervalles* presque plans ; marqués de points obscurs qui donnent aux élytres une teinte grisâtre : ces points, donnant chacun naissance à un poil livide, disposés sur deux rangées irrégulières sur les quatre intervalles internes : les deuxième et troisième de ceux-ci égaux chacun vers le milieu de leur longueur à six fois environ la largeur d'une strie. *Dessous du corps* brun sur le postpectus et sur le ventre, moins obscur sur le médipectus. *Mésosternum* chargé d'une ligne plus élevée dans son milieu, terminé en pointe postérieurement. *Métasternum* rétréci en pointe. *Pieds* d'un flave roussâtre : pubescence des cuisses à peine moins claire ; celle des postérieures prolongée presque jusqu'à l'extrémité.

Patrie : les îles Philippines (collect. Dejean, type reçu d'Eschscholtz); les Indes orientales (Muséum de Paris).

Obs. Le premier arceau de l'abdomen est entaillé carrément, terminé en pointe à l'extrémité de chaque bord latéral de cette entaille et bidenté à la partie postérieure de celle-ci.

DESCRIPTION

D'UNE

ESPÈCE NOUVELLE DE COCCINELLIDE

par

E. MULSANT.

Cheilomenes Osiris.

Brièvement ovale ; convexe ; superficiellement pointillé. Tête et Pro-thorax d'un blanc flavescent : ce dernier, orné d'une bordure basilaire liée à une tache cupiforme, noires. Elytres noires, ornées chacune d'une tache d'un flave testacé ; couvrant les deux cinquièmes postérieurs au moins de leur longueur, aussi large en devant que les deux tiers de leur largeur, laissant noirs le rebord postérieur et une bordure suturale graduel-lement rétrécie d'avant en arrière.

Long. 0^m,0042 (1 l. 7/8). — Larg. 0^m,0030 (1 l. 2/5).

Corps brièvement ovale ; convexe ; glabre ; superficielle-ment pointillé ; luisant ou brillant, en dessus. *Tête, Antennes* et *Palpes*, d'un blanc flavescent. *Prothorax* d'un blanc fla-vescent ; paré d'une bordure basilaire liée par sa partie mé-diaire à une tache cupiforme, noires : la bordure étendue jusqu'à la partie postéro-externe de la base, aussi déve-loppée longitudinalement que les deux cinquièmes postérieurs de sa longueur vers les sinuosités postoculaires : la tache, liée par une sorte de pédicule large et très-court à la bordure basilaire, cupiforme, un peu anguleusement avancée à son bord antérieur, aussi large que l'échancrure antérieure. *Ecusson* noir. *Elytres* munies d'un rebord plan assez étroit ; subarrondies ou largement en ogive dans leur moitié posté-rieure ; noires ou d'un noir brunâtre ; ornées chacune d'une tache d'un flave testacé, ovalaire, graduellement rétrécie dans sa moitié postérieure, couvrant depuis les trois cinquièmes ou un peu moins de la longueur jusqu'au rebord sutural et presque depuis la suture qui conserve une bordure noire graduellement rétrécie d'avant en arrière, jusqu'aux deux tiers de la largeur de l'étui en devant, et jusqu'au rebord marginal en arrière. *Repli* d'un flave testacé, extérieurement brunâtre. *Dessous du corps* brun sur la poitrine, d'un roux testacé sur le ventre. *Pieds* de cette dernière couleur.

PATRIE : l'Egypte (collect. Mannerheim).

ESSAI

D'UNE

DIVISION DES DERNIERS MÉLASOMES

PAR

E. MULSANT et Cl. REY.

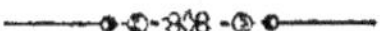

*Présenté à la Société impériale d'agriculture, d'histoire naturelle et des arts utiles de Lyon,
dans sa séance du 11 février 1859.*

En terminant notre *Essai sur les Pédinites*, nous nous étions
proposé d'abord de publier, comme pour les tribus précédentes, une monographie de ces insectes. La difficulté de
réunir, pour ce travail, des éléments en majeure partie exo-
tiques, nous a fait renoncer à ce projet.

Nous nous bornerons donc, pour compléter notre pensée
sur la classification de ces petits animaux, de donner le tableau des coupes génériques de ces Hétéromères, en ratta-
chant à chacune d'elles la description d'une partie des espèces
dont elles se composent.

TROISIÈME TRIBU.

BLAPSTINITES.

Caractères. *Menton* petit ou médiocre, laissant de chaque
côté, entre ses bords et ceux de l'échancrure progéniale, un
espace presque égal à la largeur de sa base; offrant tantôt

sa surface relevée en carène plus ou moins obtuse sur la moitié basilaire de sa partie médiane, tantôt presque plane; ordinairement plus large que long et plus ou moins élargi d'arrière en avant.

Languette généralement saillante, parfois peu apparente, au moins après la mort de l'insecte.

Palpes labiaux à dernier article généralement épais, dilaté ou ovoïde.

Mâchoires insérées à découvert dans une sinuosité du bord postérieur de l'échancrure progéniale : cette sinuosité plus prolongée en arrière que la base du menton ; à deux lobes : l'interne paraissant ordinairement armé d'un crochet corné simple ou bifide.

Palpes maxillaires à dernier article plus ou moins sensiblement comprimé, généralement élargi d'arrière en avant, obtriangulaire ou sécuriforme.

Mandibules robustes ; courtes, ordinairement voilées par le labre, dans l'état de repos ; généralement entaillées à l'extrémité.

Labre assez petit ; habituellement échancré.

Epistome entaillé ou échancré dans le milieu de son bord antérieur.

Antennes insérées sous la saillie des joues ; assez épaisses ; en général non prolongées jusqu'aux angles postérieurs du prothorax ; de onze articles, grossissant vers l'extrémité, ordinairement à partir du huitième : le deuxième petit, court ; le troisième, le plus long, de moitié ou environ plus grand que le quatrième : les quatrième à sixième souvent obconiques : les huitième à dixième généralement plus larges que longs, moniliformes ou cupiformes : le dernier moins court que le précédent.

Yeux peu ou point saillants ; coupés et enclos sur les côtés de la tête par les joues et les tempes (1), et paraissant soit

____

(1) Du moins chez toutes les espèces connues de nous jusqu'à ce jour.

orbiculaires, soit ovalaires dans leur partie visible sur le dessus de la tête.

Tête enfoncée dans le prothorax, souvent jusque près des yeux ; plus large que longue ; offrant sa plus grande largeur vers la moitié ou les deux tiers des joues qui se rétrécissent ensuite.

Prothorax plus large que long ; plus ou moins échancré en devant, avec les angles antérieurs plus ou moins avancés en forme de dent ; n'offrant pas à la partie antérieure de ses côtés une ligne continue avec les joues ; à angles postérieurs prononcés et le plus souvent dirigés en arrière.

Ecusson ordinairement plus large à la base que long sur son milieu ; habituellement en triangle.

Elytres ordinairement un peu plus larges ou au moins aussi larges en devant que le prothorax à ses angles postérieurs, rarement moins larges ; tantôt obliquement coupées aux épaules, pour laisser place aux angles postérieurs du prothorax, qui sont prolongés en arrière en forme de dent, tantôt avec l'angle huméral droit ou presque droit ; ordinairement contiguës au bord postérieur du prothorax sur toute leur largeur, très-rarement échancrées chacune entre l'écusson et l'angle huméral ; généralement en ogive ou rétrécies postérieurement ; médiocrement ou peu convexes ; à neuf stries.

Repli, la seule partie des élytres visibles quand l'insecte est examiné en dessous ; prolongé jusqu'à l'angle sutural.

Ailes souvent nulles ou rudimentaires.

Dessous du corps lisse, ridé ou à stries ponctuées sur les côtés de l'antépectus ; habituellement pointillé ou ponctué et légèrement ridé sur les premiers arceaux du ventre.

Prosternum aussi saillant que les hanches antérieures qu'il sépare largement, offrant après le milieu de leur côté interne sa plus grande largeur ; ordinairement en fer de lance.

Mésosternum creusé d'un large sillon graduellement rétréci d'avant en arrière et relevé sur les côtés ; généralement tronqué postérieurement.

Postépisternums parallèles ou à peu près.

Ventre de cinq arceaux ; le premier offrant sa partie antéro-médiaire ordinairement tronquée et plus large que le bord antérieur du métasternum ; rarement en ogive ou presque en pointe ; offrant les trois premiers arceaux presque soudés ; le quatrième plus court ou moins développé que les autres, dans le sens de la longueur.

Pieds médiocres. *Hanches* antérieures au moins globuleuses. *Cuisses* ordinairement peu ou médiocrement renflées ; les antérieures souvent un peu plus grosses. *Tibias* souvent subarrondis ou médiocrement comprimés ; plus rarement comprimés et élargis d'arrière en avant ; parfois armés d'une dent au moins chez l'un des sexes, à leur côté interne. *Tarses* généralement garnis en dessous d'un duvet fauve ou roussâtre, serré : les antérieurs offrant souvent les deuxième et troisième articles dilatés chez le ♂. Les tarses postérieurs filiformes ; à dernier article généralement le plus long. *Ongles* simples ; assez robustes.

Corps ovalaire, oblong ou suballongé ; jamais très-convexe ; plus ou moins arqué longitudinalement ; noir ou d'une couleur obscure.

Ces insectes, tous étrangers à l'Europe, varient assez de faciès pour faire sentir la nécessité de les diviser. Nous les partagerons en trois branches. Quelle que soit l'opinion des Entomologistes sur la valeur des coupes nouvelles introduites, elles contribueront sans doute à faciliter l'étude de ces insectes.

M. Waterhouse s'est servi, pour les partager, du caractère tiré de la présence ou de l'absence des ailes ; mais ce caractère nous a paru équivoque ; quelquefois, sans être nulles, les ailes rudimentaires sont incapables de pouvoir servir au vol. Peut-être même offrent-elles, dans la même espèce, un développement variable.

Branches.

Antennes à troisième article de moitié au moins plus long que large ; quelques-uns des quatrième à septième plus longs que larges.

Septième intervalle des stries des élytres, soit aboutissant à l'angle huméral, parfois en s'y unissant au neuvième, soit complétement séparé du huitième jusqu'à la base des étuis, quand ce dernier aboutit à l'angle huméral. — PLATYLAIRES.

Septième et huitième intervalles des stries des élytres, non complétement séparés en devant par les stries ou rangées striales de points, qui ne s'avancent pas jusqu'à la base des étuis. — BLAPSTINAIRES.

à troisième article d'un sixième à peine plus long que large : les quatrième à dixième plus larges que longs. Prothorax arqué en arrière à la base. — COXITAIRES.

PREMIÈRE BRANCHE.

PLATYLAIRES.

CARACTÈRES. *Antennes* offrant les trois ou quatre derniers articles plus gros : le troisième de moitié au moins plus long que large : quelques-uns des sixième à septième plus longs que larges. *Yeux* coupés et enclos sur les côtés de la tête. *Elytres* offrant le septième intervalle des stries, soit aboutissant à l'angle huméral, parfois en s'y unissant au neuvième, soit complétement séparé du huitième jusqu'à la base des étuis, quand ce dernier intervalle aboutit à l'angle huméral. *Prothorax* à angles postérieurs dirigés en arrière. *Partie antéro-médiaire* du premier arceau ventral tronquée en devant et au moins aussi large que la partie postérieure du mésosternum.

Ces insectes peuvent être répartis dans les genres suivants :

GENRES.

Élytres

glabres. Prothorax à angles postérieurs dirigés en arrière.

Elytres plus ou moins obliquement coupées sur les côtés de leur base, à l'angle huméral. Tibias antérieurs peu comprimés.

Elytres un peu plus larges en devant que le prothorax à ses angles postérieurs.

Prothorax planiuscule de chaque côté sur une largeur égale au sixième de sa largeur totale, vers la moitié de sa longueur. Repli des élytres aussi large en devant que les trois quarts de la moitié du médipectus. — *Platylus.*

Prothorax non planiuscule de chaque côté. Repli des élytres moins large que le quart de la largeur totale du médipectus. — *Diastolinus.*

Elytres un peu moins larges en devant que le prothorax à ses angles postérieurs. — *Pedonœces.*

Elytres non coupées obliquement à l'angle huméral qui est prononcé et un peu avancé. Tibias antérieurs comprimés ; prothorax en ligne presque droite sur les trois cinquièmes médiaires de sa base. — *Notibius.*

pubescentes. Prothorax bissinué à la base, avec les angles postérieurs dirigés en arrière.

Elytres au moins aussi larges à leur base que le prothorax à son bord postérieur. Tibias antérieurs comprimés. — *Lachnoderes.*

Elytres moins larges à leur base que le prothorax à son bord postérieur, rétrécies en devant, ordinairement munies d'une petite dent à l'angle huméral. Tibias antérieurs peu comprimés. — *Scllio.*

Genre *Platylus*, PLATYLE.

CARACTÈRES. *Elytres* glabres ; plus ou moins obliquement coupées sur les côtés de leur base, à l'angle huméral ; un peu plus larges en devant que le prothorax à ses angles postérieurs ; à repli aussi large en devant que les trois quarts de la moitié du médipectus. *Prothorax* planiuscule de chaque côté sur une largeur égale au sixième de sa largeur totale, vers la moitié de sa longueur ; bissinué à la base avec les angles postérieurs dirigés en arrière. *Ecusson* plus de deux fois aussi large à la base que long sur son milieu ; déclive postérieurement. *Ailes* nulles ou rudimentaires. *Partie antéro-médiaire* du premier arceau ventral subparallèle entre les hanches postérieures. *Tibias* antérieurs peu ou point élargis depuis la base jusqu'à l'extrémité ; à peine comprimés.

1. P. dilatatus ; FABRICIUS.

Ovale-oblong ; d'un noir presque mat. Trois derniers articles des antennes d'un testacé orangé. Prothorax élargi en ligne courbe jusqu'aux deux cinquièmes, subparallèle ensuite ; faiblement convexe sur les deux tiers médiaires de sa largeur, plan ou à peu près sur les côtés : chacune de ces parties planes séparées de la médiane par un sillon longitudinal, naissant vers la sinuosité postoculaire et prolongé jusqu'à l'angle postérieur ; plus légèrement rayé sur la ligne médiane ; impointillé ; noté d'une fossette triangulaire au-devant de chaque sinuosité basilaire. Elytres à neuf stries subsulciformes et ponctuées : la neuvième, naissant vers les deux cinquièmes de leur longueur. Intervalles subconvexes, impointillés : les huitième et neuvième, presque plans jusqu'aux deux septièmes.

♂ Cuisses antérieures un peu renflées dans leur milieu. Jambes simples. Trois premiers articles des tarses antérieurs et intermédiaires dilatés : les deuxième et troisième, médiocrement : le premier, faiblement.

♀ Inconnue.

Blaps dilatata, FABRICIUS, Suppl. Entom. Syst. p. 47, 8-9. — HERBST, Naturg. (Kaef.) t. 8. p. 202. 28.
Platynotus dilatatus, FABRIC. Syst. Eleuth. t. 1. p. 139. 4 (type). — SCHOENH. Syn. ins. t. 1. p. 142 6.

Long. 0m,0105 (4 l. 3/4). — Larg. 0m,0051 (2 l. 1/4).

Corps ovale-oblong ; peu convexe ; noir ou à peu près. *Tête* finement ponctuée. *Labre* brun ou d'un brun rouge. *Palpes* de même couleur. *Yeux* paraissant, en dessus, orbiculaires ou un peu en ovale transverse ; enclos par les joues et les tempes. *Antennes* un peu moins longuement prolongées que les angles postérieurs du prothorax ; noires, avec les trois derniers articles orangés ou d'un testacé orangé : le premier,

un peu renflé, assez court : le deuxième, court : le troisième,
le plus long, une fois plus long que large : le quatrième,
d'un tiers plus court que le troisième : les cinquième à septième, obconiques, un peu plus longs que larges à leur
extrémité : les huitième à onzième formant une légère massue oblongue : le huitième obconique, plus long que large :
le neuvième aussi long que large : le dixième transverse : le
onzième ovalaire, terminé en pointe. *Prothorax* profondément échancré en devant; élargi en ligne courbe jusqu'aux
deux cinquièmes de ses côtés, subparallèle ensuite; bissinué à la base, avec les angles postérieurs en forme de dent
dirigée en arrière et à peine plus prolongée que la partie médiane de ladite base; plus large que long; muni sur les
côtés d'un rebord assez épais et convexe, presque uniforme;
muni à la base d'un rebord plus étroit; rayé, au-devant de
ce dernier, d'un sillon longitudinal naissant vers chaque sinuosité postoculaire, prolongé jusqu'à l'angle postérieur, en
s'incourbant vers ce dernier; plan et horizontal ou à peu près
en dehors de ce sillon, peu convexe sur le reste : les parties
planes égales chacune, vers la moitié de la longueur des
côtés à environ le tiers de la moitié de la largeur totale;
noté sur la ligne médiane d'une raie longitudinale légère;
marqué au-devant de chaque sinuosité basilaire d'une fossette
en triangle élargi, dont le bord antérieur se relève en espèce
de turbercule sensible; noir; mat; imponctué. *Ecusson*
trois fois aussi large que long; arqué en arrière; déclive à sa
partie postérieure; noir. *Elytres* aussi larges en devant que
le prothorax à ses angles postérieurs; deux fois et demie aussi
longues que lui dans son milieu; obliquement coupées à
l'angle huméral presque sur la moitié externe de la largeur
de chacune; à peine ou faiblement rétrécies jusqu'à la moitié
de leur longueur, plus sensiblement rétrécies ensuite et en
ligne courbe jusqu'à l'angle sutural; rebordées latéralement;
peu convexes; noires; longitudinalement un peu arquées;
subconvexement déclives à partir de la moitié de leur longueur;

creusées à la base d'une fossette pour recevoir les angles
postérieurs du prothorax ; à neuf stries subsulciformes : les
cinq premières, à partir de la suture, presque avancées
jusqu'à la base qui est légèrement relevée : les sixième et
septième à peine aussi avancées : la huitième un peu plus
courte en devant : la neuvième naissant au tiers ou au deux
cinquièmes de leur longueur : les première et huitième unies
à leur extrémité un peu au-devant du bord postérieur : les
quatrième et cinquième, les plus courtes postérieurement et
unies : ces stries marquées de points ne crénelant pas ou crénelant à peine les intervalles, longitudinalement séparés les
uns des autres par un espace en général deux fois aussi grand
que leur diamètre (environ vingt-quatre de ces points sur la
quatrième strie). *Intervalles* subconvexes ; imponctués : le
neuvième constituant une surface plane depuis la base
jusqu'aux deux septièmes de la longueur : les huitième et
septième atteignent à peine la base : le premier postérieurement uni au neuvième : le troisième au septième : le quatrième uni ou presque uni au cinquième et prolongé jusqu'aux
quatre cinquièmes des étuis : le sixième un peu moins court :
le huitième le plus raccourci postérieurement. *Repli* imponctué ; noir ; presque mat ; aussi large en devant que les trois
quarts au moins de la moitié du médipectus, prolongé en se
rétrécissant jusqu'à l'angle sutural. *Dessous du corps* noir ;
peu ou point luisant ; imponctué sur les côtés de l'antépectus,
marqué d'une rangée transversale de petits points, vers la
base des deuxième, troisième et quatrième arceaux du ventre :
ces rangées, interrompues dans leur milieu ; offrant en
outre quelques légères rides longitudinales naissant de
ces points. *Prosternum* en fer de lance ; subcaréné longitudinalement sur la ligne médiane, après le milieu des hanches.
Postépisternums parallèles ; deux fois et demie aussi longs que
larges ; plus étroits que la moitié du repli des élytres, vers
le milieu de leur longueur. *Partie antéro-médiaire* du ventre
tronquée ; à peine plus large que l'espace compris entre les

hanches du milieu. *Pieds* noirs. *Tarses* bruns ou d'un brun rouge. *Cuisses* simples, à peine renflées. *Tibias* simples, faiblement élargis de la base à l'extrémité : premier article des tarses postérieurs aussi long que les deux suivants réunis.

PATRIE : l'île de St-Thomas (Muséum de Copenhague (*type*).

Genre *Diastolinus*, DIASTOLIN.

CARACTÈRES. *Elytres* glabres ; plus ou moins obliquement coupées sur les côtés de leur base, à l'angle huméral ; un peu plus larges en devant que le prothorax à ses angles postérieurs ; à repli moins large que le quart de la largeur totale du médipectus. *Prothorax* assez régulièrement convexe ; non planiuscule de chaque côté ; bissinué à la base, avec les angles postérieurs dirigés en arrière, à côté interne de ces angles presque en ligne droite. *Ecusson* plus de deux fois aussi large à la base qu'il est long sur son milieu ; déclive postérieurement. *Ailes* nulles ou rudimentaires. *Partie antéro-médiaire* du premier arceau ventral tronquée en devant. *Tibias* antérieurs peu ou point élargis depuis la base jusqu'à l'extrémité, au moins chez les ♀ ; à peine comprimés ; rarement armés d'une dent chez le ♂.

    α Septième intervalle aboutissant à l'angle huméral.
    β Septième intervalle isolé du neuvième.

1. **D. clathratus** ; FABRICIUS.

Ovale-oblong ; médiocrement convexe ; noir ; luisant sur les élytres et en dessous. Antennes noires, avec les trois derniers articles d'un flave rouge. Prothorax élargi d'avant en arrière, en ligne courbe jusqu'aux deux cinquièmes, puis faiblement en ligne droite ; marqué d'une fossette en triangle élargi, vers chaque sinuosité basilaire ; muni à la base d'un rebord entier ; pointillé. Elytres à stries sulciformes, ponctuées (vingt-deux à vingt-quatre points sur la quatrième). Intervalles convexes : le septième aboutissant à l'angle huméral, en se courbant un peu en dehors : les huitième et neuvième libres et graduellement plus courts en devant. Antépectus imponctué.

♂ Tarses antérieurs un peu dilatés.
♀ Inconnue.

Blaps clathrata, Fabricius, Entom. Syst. t. 1. 1. p. 109. 17. — Id. Syst. Eleuth. t. 1.
  p. 143. 17 (*type*). — Herbst, Naturs. t. 8. p. 197. 20. — Schœnh. Syn. ins. t. 1.
  p. 147. 22.
Pedinus clathratus, Saint-Fargeau et Aud. Serville, Encycl. méth. t. 10. p. 26. 6.
Opatrinus clathratus (Dejean), Catal. (1833) p. 191. — Id. (1837) p. 213.

Long. 0ᵐ,0090 (4 l.). — Larg. 0ᵐ,0041 (1 l. 4/5).

Corps oblong ou ovale-oblong ; longitudinalement arqué ;
peu ou très-médiocrement convexe ; glabre ; noir, mat sur
la tête et sur le prothorax, luisant sur les élytres. *Tête* non
relevée sur les côtés ; peu convexe ; marquée de points petits
et peu serrés sur le front, plus rapprochés sur l'épistome.
Labre et *Palpes* d'un brun rouge ou d'un rouge brun. *Antennes*
à peine prolongées jusqu'aux trois quarts ou quatre cinquièmes
des côtés du prothorax; noires, avec les trois derniers articles
rosés ou d'un flave rouge et garnis de poils courts : à premier
article renflé : le deuxième court : le troisième le plus long,
une fois au moins plus long que large : le quatrième d'un
quart moins long que le troisième : les cinquième, sixième
et septième presque égaux, un peu plus longs que larges
à l'extrémité : les huitième à onzième plus gros, subcomprimés, constituant une sorte de massue d'égale largeur : le
huitième, obconique : les neuvième à onzième en ovale
transverse. *Prothorax* échancré en arc assez faible et dirigé
en arrière, à son bord antérieur ; élargi en ligne courbe
jusqu'au tiers ou au deux cinquièmes, puis faiblement élargi
en ligne droite jusqu'aux angles postérieurs ; bissinué à la
base vers chaque cinquième externe de celle-ci, avec les
angles postérieurs dirigés en arrière en forme de dent, et la
partie médiane assez faiblement arquée en arrière et moins
prolongée que les angles ; de moitié environ plus large à la
base qu'il est long sur son milieu ; muni latéralement d'un
rebord uniformément un peu épais, légèrement relevé, non

tranchant; muni à la base d'un rebord étroit et non interrompu; médiocrement convexe; marqué au-devant de chaque
sinuosité basilaire d'une fossette en triangle élargi; d'un noir
mat; pointillé, à points peu rapprochés. *Ecusson* en triangle
plus large que long; déclive à sa partie postérieure et paraissant en parallélogramme transverse, à certain jour; imponctué; noir. *Elytres* aussi larges en devant que le prothorax à
ses angles postérieurs; trois fois environ aussi longues que
lui sur son milieu; creusées à l'angle huméral d'une fossette
pour recevoir les angles postérieurs du prothorax; obliquement coupées à la base jusqu'à la quatrième strie, à partir de
la suture; subparallèles jusqu'aux trois septièmes de leur
longueur, rétrécies ensuite en ligne un peu courbe, jusqu'à
l'angle sutural; rebordées latéralement; très-médiocrement
convexes, surtout sur le tiers interne de chacune; convexement déclives postérieurement, à partir de la moitié ou des
trois cinquièmes de leur longueur; d'un noir luisant; à neuf
stries sulciformes, marquées dans le fond d'assez gros points
arrondis qui crénèlent un peu les intervalles (environ vingt-
deux à vingt-quatre points sur la quatrième strie) : les six
premières avancées jusqu'à la base : la septième aboutissant
au bord externe, presque à l'angle huméral : les huitième et
neuvième plus courtes et presque liées ensemble, en devant :
la première, postérieurement liée à la deuxième et à peine
prolongée jusqu'à l'extrémité : la septième à peu près liée à
la neuvième et subterminale : les troisième et sixième liées
et un peu plus courtes que les précédentes : les quatrième et
cinquième à peine prolongées jusqu'aux cinq sixièmes : la
huitième la plus courte, à peine prolongée jusqu'aux deux
tiers des étuis. *Intervalles* convexes en devant, postérieurement rétrécis et presque en toit assez aigu : superficiellement
pointillés, paraissant lisses à la vue : les sept premiers avancés jusqu'à la base : le septième aboutissant à l'angle huméral
en se courbant un peu en dehors vers celui-ci : le huitième
et le neuvième graduellement plus courts, aboutissant chacun

isolément vers le rebord marginal : les sutural et marginal
postérieurement unis : les deuxième et neuvième libres et
subterminaux : le troisième uni au septième en enclosant les
quatrième à sixième : le huitième, le plus court, à peine
prolongé au delà des deux tiers. *Repli* noir ; imponctué ; égal
en devant au tiers de la largeur de la moitié du médipectus,
près d'une fois plus large en devant que vers les hanches
postérieures. *Dessous du corps* noir, luisant ; imponctué sur
les côtés de l'antépectus, pointillé sur le ventre, marqué vers
la base des deuxième à quatrième arceaux d'une rangée
transversale de points, desquels naissent de légères rides.
Prosternum ovalaire ; caréné après les hanches. *Postépisternums* parallèles, une fois moins larges que le repli, vers le
milieu de leur longueur ; trois fois environ aussi longs que
larges. *Partie antéro-médiaire* du premier arceau ventral
tronquée en devant, plus large que le mésosternum. *Hypopygium* finement ponctué, sans dépressions apparentes. *Pieds*
noirs, avec les tarses bruns ou d'un brun rouge. *Cuisses* antérieures et moins sensiblement les intermédiaires, un peu
renflées. *Tibias* assez grêles ; rétrécis et un peu échancrés
en dessous, à la base, presque de même grosseur ensuite
sur les trois cinquièmes postérieurs (♂) ; garnis en dessous
de poils subspinosules : tibias postérieurs à peine élargis
d'avant en arrière, subcomprimés. *Tarses* garnis en dessous
de poils presque soyeux : premier article des postérieurs
aussi long que les deux suivants réunis, aussi long que le
dernier.

Patrie : Essequibo (Amérique méridionale) (Muséum de
Copenhague) (*type*).

2. **D. perforatus** ; Gyllenhal.

*Oblong ; d'un noir mat. Trois derniers articles des antennes d'un fauve
testacé. Prothorax élargi en ligne peu courbe jusqu'aux deux cinquièmes,
subparallèle ensuite, marqué d'une fossette en triangle élargi au-devant de
chaque sinuosité basilaire ; à rebord basilaire entier ; impointillé. Elytres à*

*stries sulciformes, marquées de points ne crénelant pas les intervalles. In-
tervalles impointillés ; convexes : le septième aboutissant au côté interne
de l'angle huméral : le huitième non avancé jusqu'à cet angle : le neuvième
naissant vers le sixième environ des étuis. Prosternum rayé de deux lignes
postérieurement convergentes. Antépectus superficiellement ridé.*

♂ Cuisses antérieures robustes ; arquées sur leur tranche
externe ; inermes. Quatre premiers articles des tarses antérieurs et moins sensiblement ceux des intermédiaires, dilatés. Ventre longitudinalement déprimé sur son milieu.

♀ Cuisses antérieures moins robustes. Tarses peu ou pas
sensiblement dilatés. Ventre convexe.

Opatrum perforatum (Gyllenhal) Scnœnu. Syn. insect. t. 1. p. 146, (en excluant les
    syn. de Fabr., Herbst et Panzer).
Opatrinus perforatus (Dejean) Catal. (1833) p. 191. — Id. (1837) p. 213.

Long. 0ᵐ,0078 (3 l. 1/2). — Larg. 0ᵐ,0030 à 0ᵐ,0033 (1 l. 2/5 à 1 l. 1/2).

Corps oblong ou ovale-oblong ; d'un noir mat ou presque
mat ; glabre ; assez convexe. *Tête* peu densement et superficiellement pointillée ; sans rebords. *Labre* et *Palpes* bruns
ou d'un brun rouge. *Antennes* prolongées environ jusqu'aux
deux tiers des côtés du prothorax ; noires ou brunes, parfois
même d'un brun rouge ; avec les trois derniers articles d'un
roux ou fauve testacé ; à premier article un peu renflé : le
deuxième court : le troisième le plus long, de moitié plus
long que large : le quatrième à peine aussi long que large :
les cinquième à septième, un peu moins longs que larges :
les huitième à onzième un peu plus renflés, formant une
faible massue oblongue : le huitième obconique : le neuvième
cupiforme, transverse ; le onzième obtusément en ogive sur
sa seconde moitié. *Yeux* orbiculaires en dessus, enclos par
les joues. *Prothorax* échancré en arc obtus à son bord antérieur ; élargi en ligne un peu courbe jusqu'aux deux cinquièmes, subparallèle ensuite ; bissinué à la base, c'est-à-
dire arqué en arrière sur les trois cinquièmes médiaires de
celle-ci et sinué vers chaque cinquième externe ; à angles

postérieurs dirigés en arrière et à peine plus prolongés que
le milieu de la base ; muni sur les côtés d'un rebord uniformément étroit ; muni à la base d'un rebord à peu près pareil
et non interrompu ; déprimé ou rayé d'une fossette en triangle
élargi au-devant de chaque sinuosité basilaire ; assez convexe ; imponctué. *Ecusson* assez petit ; en triangle deux fois
au moins aussi large que long ; convexement déclive à sa
partie postérieure. *Elytres* à peine plus larges en devant que
le prothorax à ses angles postérieurs ; deux fois et demie
aussi longues que lui ; obliquement coupées chacune sur un
peu plus du tiers externe de leur largeur ; faiblement élargies
jusqu'aux deux cinquièmes ou un peu plus de leur longueur,
rétrécies ensuite en ligne un peu courbe jusqu'à l'angle sutural ; assez convexes ; à stries sulciformes, moins profondes
postérieurement, marquées de points ne crénelant pas ou
crénelant peu les intervalles (environ dix-huit de ces points
sur la quatrième) : les deuxième et troisième, quatrième et
cinquième graduellement un peu plus courtes, presque liées
par paire à leur extrémité, presque encloses par les première
et sixième : les sixième et septième presque liées postérieurement à la première : la huitième raccourcie à ses deux
extrémités. *Intervalles* impointillés, ordinairement plus convexes en devant qu'à l'extrémité : le septième aboutissant en
devant au côté interne de l'angle huméral : le huitième un
peu plus court, naissant vers le côté externe, au-dessous
de l'angle huméral : le neuvième, naissant vers le sixième
environ de la longueur des étuis, ordinairement réuni à sa
partie postérieure au huitième. *Dessous du corps* lisse ou superficiellement ridé sur les côtés de l'antépectus, et sur ceux
du ventre. *Postépisternums* imponctués. *Prosternum* rayé de
deux lignes convergentes avant l'extrémité. *Hypopygium*
finement ponctué ; tantôt sans traces de dépressions, tantôt
en offrant (surtout chez le ♂), de plus ou moins sensibles.
Pieds simples. *Tibias* à peu près droits (♂ ♀).

Patrie : l'Amérique boréale (Deyrolle); l'île St-Barthélemy

(Chevrolat) ; les Antilles (Muséum de Paris) ; la Guadeloupe (Perroud).

Obs. Ordinairement les intervalles des stries des élytres sont affaiblis postérieurement, mais parfois ils semblent au contraire un peu plus saillants ou en carène, par suite de leur rétrécissement ; quelquefois le troisième seul semble plus saillant et en carène.

Nous avons vu dans la collection de M. Chevrolat, sous le nom de *Opatrinus semi-cribratus*, des individus ayant le prothorax très-faiblement élargi depuis les deux cinquièmes jusqu'aux angles postérieurs, et par conséquent moins parallèle ; les élytres plus sensiblement élargies un peu avant le milieu de leur longueur et par là plus ovalaires ; les intervalles des stries des élytres moins convexes. Peut-être ne sont-ils qu'une variation du *P. perforatus*, dont ils ont tous les autres caractères.

Patrie : La Martinique.

Schœnherr, dans sa Synonymie des insectes, rapporte à tort cette espèce au *Blaps punctata* de Fabricius.

ββ Septième intervalle des élytres uni au neuvième vers l'angle huméral.

3. D. Sallei.

Oblong ; médiocrement convexe ; d'un noir luisant. Antennes d'un fauve testacé à l'extrémité ; prothorax élargi en ligne peu courbe jusqu'aux deux cinquièmes, puis en ligne droite ; marqué d'une fossette ou d'un sillon transverse au-devant de chaque sinuosité basilaire ; muni d'un rebord basilaire entier, ponctué, presque réticuleux près des côtés. Elytres à stries sulciformes, marquées de points crénelant les intervalles (19 environ sur la quatrième) : le sixième aboutissant à la partie la plus avancée de la base ; intervalles très-convexes : le septième aboutissant à l'angle huméral près duquel est un prolongement des huitième et neuvième. Antépectus sillonné et ponctué.

♂ Cuisses antérieures médiocrement robustes, arquées sur leur arête antérieure. Jambes de devant graduellement

élargies à partir du quart jusqu'aux trois cinquièmes de leur
arête inférieure, brusquement rétrécies ensuite dans ce point
et parallèles ensuite, armées, par conséquent, d'une dent
vers les trois cinquièmes de ladite arête, denticulée sur cette
dent : jambes intermédiaires et postérieures, simples, un peu
pubescentes. Tarses antérieurs fortement dilatés : le premier
article un peu moins que le deuxième, le quatrième à peine :
tarses intermédiaires offrant leurs quatre premiers articles
moins fortement dilatés, graduellement moins longs à partir
du premier.

♀ Inconnue.

Blapstinus Sallei (Chevrolat).

　　　Long.　0ᵐ,0082 (3 l. 2/3). — Larg.　0ᵐ,0037 (1 l. 3/5).

Corps oblong ; obtusément arqué longitudinalement ; médiocrement convexe ; glabre ; d'un noir luisant. *Tête* marquée
sur le front de points médiocres ou assez gros, séparés par
des intervalles presque lisses, pointillée sur l'épistome. *Labre*
d'un fauve brun. *Palpes maxillaires* fauves ou d'un fauve testacé. *Antennes* prolongées au moins jusqu'aux trois quarts de
la longueur des côtés du prothorax ; garnies de poils courts ;
brunes, d'un brun fauve ou d'un fauve obscur à la base, graduellement d'un fauve testacé à l'extrémité : à troisième article près d'une fois plus long que large, d'un quart ou d'un
tiers plus grand que le suivant : les cinquième à septième
obconiques, un peu plus longs ou au moins aussi longs que
larges : les neuvième et dixième, moniliformes, subcomprimés, un peu plus larges que longs : le quatrième rétréci en
cône dans sa deuxième moitié. *Prothorax* obtusément échancré en arc à son bord antérieur ; élargi en ligne peu courbe
jusqu'aux deux cinquièmes, en ligne droite et subparallèle
postérieurement ; bissinué à la base avec les angles en forme
de dent dirigée en arrière ; à partie médiane de la base,
très-obtusément arquée et à peu près aussi prolongée en arrière

6

que les angles postérieurs ; muni sur les côtés d'un rebord
uniforme, assez étroit ; muni d'un rebord basilaire non interrompu ; marqué d'une fossette ou d'un sillon transverse au-
devant de chaque sinuosité basilaire ; noir ; ponctué sur le
dos et d'une manière presque réticuleuse près des côtés.
Ecusson en triangle deux fois et demie aussi large que long ;
déclive à sa partie postérieure et paraissant transverse à certain jour. *Elytres* aussi larges en devant que le prothorax ;
deux fois et demie aussi longues que lui ; obliquement coupées sur la moitié externe environ de leur base ; assez faiblement élargies depuis l'angle huméral jusqu'à la moitié ou un
peu plus de leur longueur, en ogive obtuse postérieurement ;
rebordées latéralement ; médiocrement convexes ; à stries sulciformes marquées de points crénelant les intervalles (environ dix-neuf sur la quatrième) : les sept premières avancées
jusqu'à la base : la sixième aboutissant en devant à la partie
la plus avancée de la base : la première à peu près terminale,
liée à la neuvième : la deuxième liée à la septième : la troisième à la sixième : la quatrième à la cinquième : la huitième,
raccourcie à ses deux extrémités. *Intervalles* presque indistinctement pointillés ; convexes ; les internes plus faiblement
surtout vers la base : le septième aboutissant à l'angle huméral , près duquel il reçoit un prolongement des huitième et
neuvième qui sont unis en devant : le deuxième postérieurement uni au huitième : le troisième au septième : le quatrième au sixième , en enclosant le cinquième qui est plus
court ; le neuvième à peine moins court que le dernier, uni
au huitième vers les quatre cinquièmes ou cinq sixièmes de
la longueur des étuis. *Repli* imponctué ou obsolètement pointillé. *Dessous du corps* noir , ridé ou marqué de rides longitudinales et ponctuées sur l'antépectus, moins obsolètement près
des bords de celui-ci. *Ventre* marqué d'une rangée transversale de points à la base des deuxième et quatrième arceaux et
de rides longitudinales affaiblies. *Prosternum* densement
ponctué ; peu convexe ; sans sillons apparents ou rayé de

deux lignes postérieurement convergentes. *Postépisternums* superficiellement pointillés. *Pieds* assez grêles ; noirs ou d'un noir brun, avec l'extrémité des tibias moins obscure , et les tarses d'un brun fauve. *Tibias* droits.

Patrie : Saint-Domingue (collect. Chevrolat).

Obs. Cette espèce a été découverte par l'infatigable et intelligent voyageur naturaliste, M. Sallé, à qui elle a été dédiée.

4. D. puncticollis.

Suballongé ; d'un noir luisant. Antennes graduellement d'un fauve testacé à l'extrémité. Prothorax médiocrement arqué sur les côtés, offrant vers la moitié ou un peu moins de ceux-ci, sa plus grande largeur ; marqué d'une fossette au-devant de chaque sinuosité basilaire ; à rebord basilaire écrasé, non interrompu et moins étroit que le latéral. Elytres à stries sulciformes et marquées de points crénelant les intervalles. Ceux-ci superficiellement pointillés ; en toit : le septième aboutissant à l'épaule où il est uni au neuvième, en enclosant le huitième. Antépectus ridé sur les côtés. Prosternum à trois sillons. Ventre pointillé.

♂ Cuisses antérieures plus grosses que les autres, arquées sur leur arête antérieure. Tibias simples, inermes : les derniers subsinués, subparallèles aux trois premiers articles des tarses antérieurs dilatés , les deuxième et troisième surtout : le quatrième à peine. Quatre premiers articles des tarses intermédiaires , moins fortement et presque uniformément dilatés. Ventre déprimé longitudinalement sur son milieu. Hypopygium marqué d'une large impression , presque obtriangulaire.

♀ Inconnue.

Blapstinus puncticollis (Chevrolat), *in* collect.

Long. 0^m,0100 (4 l. 1/2). — Larg. 0^m,0039 (1 l. 3/4).

Corps suballongé ; très-obtusément arqué longitudinalement ; médiocrement convexe ; glabre ; d'un noir luisant. *Tête* marquée de points médiocres sur le front, à peine plus petit sur l'épistome, plus rapprochés sur celui-ci que sur celui-là. *Labre* brun. *Palpes maxillaires* fauves ou d'un fauve testacé. *Antennes* prolongées au moins jusqu'aux quatre cinquièmes des côtés du prothorax ; d'un brun fauve à la base, graduellement d'un fauve testacé à l'extrémité ; garnies de poils courts ; à troisième article près d'une fois plus long que large : le quatrième d'un tiers moins grand : les cinquième et sixième obconiques, aussi longs que larges : les huitième à onzième subcomprimés, un peu plus gros : les huitième et neuvième obconiques, à peine aussi longs ou moins longs que larges : le dixième cupiforme, plus large que long : le onzième suborbiculaire. *Prothorax* échancré en arc, en devant ; arqué sur les côtés, à peine subsinué près des angles postérieurs ; offrant vers les deux cinquièmes ou trois septièmes de la longueur de ses côtés sa plus grande largeur ; bissinué à la base avec les trois cinquièmes médiaires arqués et plus prolongés en arrière que les angles ; de moitié plus large à la base qu'il est long sur son milieu ; muni d'un rebord latéral un peu tranchant, uniforme ; muni d'un rebord basilaire un peu écrasé au côté interne des sinuosités, un peu moins étroit dans ce point que les sinuosités, non interrompu ; faiblement convexe ; marqué au-devant de chaque sinuosité basilaire d'une fossette en triangle élargi ; marqué de points médiocrement rapprochés, plus petits sur le dos, plus gros sur les côtés, avec quelque tendance à la réticulation. *Ecusson* en triangle, deux fois et demie aussi large que long, déclive à sa partie postérieure et paraissant linéairement transverse à certain jour. *Elytres* aussi larges en devant que le prothorax à ses angles postérieurs ; deux fois et trois quarts environ aussi longues que lui ; obliquement coupées à l'angle huméral sur les deux cinquièmes extérieurs de la base de chacune ; assez faiblement élargies en ligne un peu courbe jusqu'à la moitié de leur longueur, en ogive très-obtuse postérieurement, presque planes en devant sur leur moitié médiane, convexement déclives sur les côtés ; convexement déclives sur le tiers postérieur au moins de leur

longueur ; à stries sulciformes , marquées de points crénelant les intervalles (environ trente-quatre de ces points sur
la quatrième) : les sept premières et la neuvième presque
avancées jusqu'à la base : la quatrième aboutissant au point
le plus avancé de la sinuosité du prothorax : la première postérieurement unie à la neuvième : la deuxième à la septième :
la troisième à la sixième : les quatrième et cinquième plus
courtes : la huitième à peine aussi longuement prolongée, se
terminant vers les quatre cinquièmes de la longueur des étuis.
Intervalles superficiellement pointillés ; très-convexes ou en
toit : le septième aboutissant en devant à l'épaule, où il est
lié au neuvième, en enclosant le huitième : le deuxième postérieurement uni au huitième : le troisième au septième : le
quatrième au sixième en enclosant le cinquième : le neuvième
se terminant isolément vers les quatre cinquièmes de la longueur des étuis. *Repli* presque impointillé. *Dessous du corps*
d'un noir luisant ; ridé sur les côtés de l'antépectus ; rugueusement ponctué sur la partie médiane de ce segment ; ponctué
sur les autres parties pectorales, pointillé et marqué de rides
longitudinales sur le ventre. *Prosternum* rayé de trois sillons,
divisant longitudinalement sa surface en quatre côtes à peu
près égales. *Postépisternums* superficiellement pointillés ; près
de trois fois aussi longs que larges. *Pieds* noirs, avec la moitié
inférieure des tibias et des tarses garnis de poils courts et
roussâtres, leur donnant une teinte moins obscure. *Cuisses*
antérieures plus grosses ; tibias assez grêles, peu comprimés,
grossissant à peine de la base à l'extrémité ; premier article
des tarses postérieurs aussi long que les deux suivants réunis,
au moins aussi long que le dernier.

Patrie : Saint-Domingue (collect. Chevrolat).

Obs. Cette espèce a été découverte par M. Sallé.

5. D. costipennis.

*Oblong ; d'un noir luisant. Antennes graduellement d'un fauve testacé à
l'extrémité. Prothorax assez arqué sur les côtés, offrant vers la moitié de*

*ceux-ci sa plus grande largeur ; ordinairement marqué d'une raie plus pro-
fonde vers chaque sinuosité ; à rebord basilaire plus étroit que le latéral,
surtout dans son milieu. Elytres à stries sulciformes et marquées de points
crénelant les intervalles ; ceux-ci superficiellement pointillés ; en toit ; le
septième aboutissant à l'épaule, où il est uni au neuvième , en enclosant le
huitième. Antépectus ridé sur les côtés. Prosternum rayé de deux lignes,
séparées par une côte étroite. Ventre obsolètement ponctué.*

♂ Cuisses antérieures robustes , notablement plus fortes
que les autres , arquées sur leur arête antérieure. Tibias
simples , inermes : les antérieurs à peine arqués. Trois premiers articles des tarses antérieurs (les deuxième et troisième
surtout) assez fortement dilatés : le quatrième à peine : quatre
premiers articles des tarses intermédiaires presque moins fortement et presque uniformément dilatés ou graduellement
rétrécis du premier au troisième et plus fortement sur le
quatrième. Ventre longitudinalement déprimé. Hypopygium
marqué d'une impression obtriangulaire.

♀ Cuisses antérieures moins robustes, toutefois plus fortes
que les autres. Tibias antérieurs droits. Tarses peu ou point
sensiblement dilatés. Hypopygium à peine marqué d'une impression.

Blapstinus costipennis (CHEVROLAT).

Long. 0ᵐ,0072 à 0ᵐ,0078 (3 l. 1/4 à 3 l. 1/2). — Larg. 0ᵐ,0033 à 0ᵐ,0036
(1 l. 1/2 à 1 l. 2/3).

Corps oblong; un peu obtusément arqué longitudinalement; d'un noir luisant. *Tête* marquée de points moins fins
et moins rapprochés sur le front que sur l'épistome. *Labre*
brun ou brun rouge. *Palpes maxillaires* d'un fauve testacé.
Antennes prolongées presque jusqu'aux angles postérieurs du
prothorax; garnies de poils courts ; d'un noir brun ou brunes
à la base, graduellement d'un brun rouge ou testacé à l'extrémité ; un peu épaisses : à troisième article plus d'une fois plus
long que large : le quatrième un peu plus long que large : les
cinquième à septième presque égaux, un peu moins longs que

larges : les huitième à onzième subcomprimés, un peu plus
gros : les huitième à dixième plus larges que longs : le huitième obconique : les neuvième et dixième cupiformes : le
onzième suborbiculaire, en ogive à l'extrémité. *Prothorax*
échancré en arc, en devant ; arqué sur les côtés, offrant vers
la moitié de ceux-ci sa plus grande largeur, peu ou point
sinué près des angles postérieurs ; bissinué à la base : arqué
en arrière sur les trois cinquièmes ou deux tiers médiaires de
sa base et un peu plus prolongé en arrière dans le milieu de
cette partie qu'aux angles postérieurs ; de moitié plus large à
son bord postérieur qu'il est long sur son milieu ; muni d'un
rebord latéral étroit, uniforme ; muni d'un rebord basilaire
plus étroit, surtout dans son milieu ; rayé d'une ligne plus ou
moins approfondie au-devant de chaque sinuosité basilaire ;
peu fortement convexe ; marqué de points médiocrement rapprochés, plus petits sur le dos, plus gros près des côtés, parfois avec une légère tendance à la réticulation près de ceux-
ci : ces points donnant parfois naissance latéralement à un
poil très-fin, court, invisible à la vue, souvent usé et indistinct même à un fort grossissement. *Ecusson* en triangle deux
fois et demie aussi large que long, déclive postérieurement
et paraissant linéairement transverse, vu d'arrière en avant.
Elytres aussi larges en devant que le prothorax à ses angles
postérieurs ; près de trois fois aussi longues que lui ; obliquement coupées à la base, sur le tiers externe ou un peu plus de
la largeur de chacune ; élargies en ligne un peu courbe depuis
l'angle huméral jusqu'aux deux cinquièmes ou trois septièmes
de leur longueur, rétrécies ensuite obtusément en ogive à
l'extrémité ; rebordées latéralement ; glabres ; noires ; convexement déclives sur le tiers postérieur de leur longueur ;
médiocrement convexes, à stries sulciformes et marquées de
points crénelant les intervalles (environ vingt sur la quatrième) : les six premières et la neuvième aboutissant à peu
près à la base : les septième et huitième un peu plus courtes
et unies en devant, en enclosant le huitième intervalle : les

premier et neuvième , deuxième et septième , troisième et sixième , quatrième et cinquième postérieurement unies. *Intervalles* superficiellement pointillés ; très-convexes ou en toit : les septième et neuvième unis un peu après l'angle huméral et aboutissant à celui-ci par un prolongement, enclosant le huitième : le premier postérieurement uni au marginal : le deuxième au huitième : le troisième au septième : le quatrième au sixième, en enclosant le cinquième : le huitième aussi prolongé que le cinquième, c'est-à-dire jusqu'aux quatre cinquièmes ou cinq sixièmes des étuis. *Repli* imponctué. *Dessous du corps* imponctué et assez faiblement ridé sur les côtés de l'antépectus, rugueusement ponctué sur la partie médiane de ce segment ; imponctué ou à peu près sur les autres parties pectorales et sur les postépisternums. *Ventre* très-finement et parcimonieusement ponctué ; obsolètement garni de rides longitudinales. *Prosternum* ponctué; rayé de deux lignes longitudinales divisant sa surface en trois bandes : la médiane costiforme, saillante, plus étroite. *Pieds* noirs, avec au moins la seconde moitié des tibias et les tarses garnis de poils d'un fauve roussâtre, et paraissant par là moins obscurs. *Cuisses* antérieures plus grosses. *Tibias* peu comprimés , simples , presque droits, graduellement et faiblement élargis de la base à l'extrémité. *Tarses* parfois bruns : premier article des postérieurs aussi long que les deux suivants réunis, aussi grand que le dernier.

    P**ATRIE** : Saint-Domingue (collect. Chevrolat).

    Obs. Cette espèce a été découverte par M. Sallé.

6. **D. Waterhousii.**

Ovale-oblong ; d'un noir peu luisant. Trois derniers articles des antennes d'un fauve ou flave testacé. Prothorax assez faiblement arqué sur les côtés, offrant vers le tiers ou deux cinquièmes de ceux-ci sa plus grande largeur; marqué d'une fossette au-devant de chaque sinuosité basilaire ; à rebord basilaire un peu moins étroit que le latéral, affaibli das son milieu; ponctué. Elytres à stries sulciformes, marquées de points crénelant les intervalles :

ceux-ci finement ponctués ; convexes : le septième aboutissant à l'épaule où il est uni au neuvième, ou à un prolongement des huitième et neuvième qui sont unis. Antépectus ridé sur les côtés. Prosternum à deux sillons. Repli et ventre fortement ponctués.

♂ Cuisses antérieures un peu plus fortes que les autres, arquées sur leur arête antérieure. Tibias inermes. Trois premiers articles des tarses antérieurs ovalairement et fortement dilatés : le quatrième à peine. Trois premiers articles des tarses intermédiares, moins notablement et moins ovalairement dilatés. Hypopygium offrant parfois une dépression transverse, d'autres fois sans traces d'impression.

♀ Inconnue.

Long. 0^m,0056 (2 l. 1/2). — Larg. 0^m,0022 (1 l.).

Corps ovale-oblong; obtusément arqué longitudinalement ; glabre ; d'un noir peu luisant. *Tête* marquée de points médiocres, moins rapprochés et moins fins sur le front que sur l'épistome. *Labre* brun ou brun rougeâtre. *Palpes maxillaires* de même couleur. *Antennes* prolongées environ jusqu'aux angles postérieurs du prothorax ; garnies de poils courts ; noires, avec les trois derniers articles d'un flave testacé ou d'un fauve rougeâtre ; à troisième article de moitié au moins plus long que large : le quatrième un peu plus long que large : les cinquième, sixième et septième, à peine aussi longs que larges : les huitième à onzième subcomprimés : les huitième à dixième, plus larges que longs : le huitième en ovale transverse : les neuvième et dixième cupiformes : le onzième suborbiculaire, en ogive à l'extrémité. *Prothorax* échancré en arc, en devant ; médiocrement arqué sur les côtés, c'est-à-dire élargi en ligne un peu courbe jusqu'aux deux cinquièmes, rétréci ensuite mais plus faiblement en ligne droite ; un peu plus large aux angles postérieurs qu'aux antérieurs ; bissinué à la base ; arqué en arrière sur les deux tiers médiaires environ de la base, et un peu plus prolongé en arrière dans le milieu de cette partie que les angles postérieurs ; d'un tiers

au moins plus large à son bord postérieur qu'il est long sur
son milieu; muni d'un rebord latéral étroit; muni d'un rebord
basilaire à peine aussi étroit et non interrompu; marqué d'une
petite fossette ou rayé d'une ligne transverse au-devant de
chaque sinuosité basilaire; médiocrement ou peu fortement
convexe : ponctué, avec quelque tendance à la réticulation
près des côtés. *Ecusson* en triangle, deux fois au moins aussi
large que long; un peu déclive à sa partie postérieure. *Elytres*
aussi larges en devant que le prothorax à ses angles postérieurs; deux fois et quart à deux fois et demie aussi longues
que lui; obliquement coupées à la base, sur le tiers externe
environ de la largeur de chacune; médiocrement élargies en
ligne un peu courbe jusqu'à la moitié ou un peu moins de leur
longueur, en ogive obtuse postérieurement; rebordées latéralement; noires ou brunes; convexement déclives longitudinalement sur les deux cinquièmes postérieurs de leur longueur; à stries sulciformes, marquées de points crénelant les
intervalles (vingt-trois à vingt-six sur la quatrième) : les sept
premières et la neuvième avancées jusqu'à la base : les première et neuvième, deuxième et septième, troisième et sixième, quatrième et cinquième postérieurement unies. *Intervalles* assez finement ponctués; très-convexes, assez étroits :
le septième uni à l'épaule, ordinairement uni au neuvième, et,
dans ce cas, enclosant le huitième, d'autrefois paraissant uni
à un prolongement des huitième et neuvième qui sont unis un
peu après l'épaule : le deuxième en général uni postérieurement au huitième : le troisième au septième, le quatrième au
sixième en enclosant le cinquième; mais souvent du cinquième
naît une sorte de carène dirigée en ligne droite vers l'angle
sutural et interrompant les unions ci-dessus indiquées. *Repli*
ponctué. *Dessous du corps* d'un noir luisant; offrant des rides
ponctuées sur les côtés de l'antépectus, des points assez gros
sur le milieu du même segment; ponctué sur les autres parties pectorales et sur les postépisternums. *Ventre* ponctué et
garni de légères rides longitudinales. *Prosternum* creusé de

deux sillons ponctués, divisant sa surface en trois côtes à peu près égales. *Pieds* noirs ou d'un noir brun; garnis, sur la seconde moitié des jambes et sous les tarses, de poils roussâtres. *Cuisses* antérieures un peu plus grosses. *Tibias* peu comprimés, simples, graduellement et faiblement élargis de sa base à l'extrémité. *Tarses* parfois moins obscurs : premier article des postérieurs au moins aussi long que les deux suivants réunis, à peu près aussi grand que le dernier.

PATRIE : Cuba (collect. Chevrolat, Perroud).

Nous avons dédié cette espèce à M. Waterhouse, l'un des entomologistes anglais les 'plus distingués.

xx Huitième intervalle aboutissant à l'angle huméral, séparé complétement du septième par la septième strie avancée jusqu'à la base.

7. D. clavatus.

Oblong; d'un noir mat; Antennes noires, avec les trois derniers articles d'un flave testacé. Prothorax élargi en ligne un peu courbe jusqu'aux trois septièmes, puis en ligne droite jusqu'aux angles postérieurs ; marqué d'une fossette au-devant de chaque sinuosité ; impointillé. Elytres à stries sulciformes, marquées de points crénelant les intervalles : ceux-ci assez convexes; impointillées : le huitième aboutissant isolé à l'angle sutural : le neuvième plus court. Repli, côtés de l'antépectus et ventre impointillés. Prosternum à trois sillons ; base des quatre premiers arceaux du ventre marquée d'une rangée de gros points.

♂ Inconnu.

♀ Cuisses antérieures à peine plus grosses que les autres. Tibias grêles, droits, inermes. Tarses non dilatés. Ventre convexe.

Blapstinus clavatus (CHEVROLAT), *in* collect.

Long. 0^m,0084 (3 l. 3/4). — Larg. 0^m,0039 (1 l. 3/4).

Corps ovale-oblong; glabre ; d'un noir mat. *Tête* superficiellement et parcimonieusement pointillée. *Labre* brun ou noir ; densement ponctué. *Palpes maxillaires* brunes ou noires, avec l'extrémité moins obscure. *Antennes* prolongées au

moins jusqu'aux trois quarts des côtés du prothorax ; peu garnies de poils courts, si ce n'est vers l'extrémité ; noires, avec
les trois derniers articles d'un flave rougeâtre : le troisième
près de trois quarts plus long que large : le quatrième d'un
quart moins long : les cinquième et sixième presque égaux,
un peu plus longs que larges : les septième et huitième obconiques à peine plus longs ou aussi longs que larges : les huitième à onzième subcomprimés, plus gros, surtout les trois
derniers : les neuvième et dixième cupiformes : le onzième
suborbiculaire. *Prothorax* assez fortement échancré en arc, en
devant ; élargi en ligne peu courbe jusqu'aux deux cinquièmes ou un peu plus, puis moins fortement en ligne droite
jusqu'aux angles postérieurs ; offrant à ceux-ci sa plus grande
largeur ; bissinué à la base ; arqué en arrière sur les quatre
septièmes médiaires de celle-ci, et à peu près aussi prolongé
en arrière sur le milieu de cette partie que les angles postérieurs ; une fois plus large à son bord postérieur qu'il est long
sur son milieu ; muni d'un rebord latéral et d'un rebord basilaire un peu plus étroit ; noté d'une fossette en triangle élargi
au-devant de chaque sinuosité basilaire ; médiocrement convexe ; paraissant impointillé. *Ecusson* en triangle une fois
au moins plus large que long ; déclive postérieurement et
paraissant en arc transverse, vu à certain jour. *Elytres* aussi
larges en devant que le prothorax à ses angles postérieurs ;
trois fois aussi longues que lui sur son milieu ; obliquement
coupées à la base, sur les deux cinquièmes externes de la largeur de chacune ; subparallèles jusqu'à la moitié ou un peu
plus, ou à peine élargies vers le tiers de leur longueur, rétrécies en ligne presque droite à partir des trois cinquièmes jusqu'à l'angle sutural ; munies latéralement d'un rebord visible ;
convexes longitudinalement et offrant, vers la moitié de leur
longueur, leur point le plus élevé, subconvexement déclives
dans leur seconde moitié ; à stries très-prononcées et profondes, et marquées de points crénelant un peu les intervalles ;
les sept premières aboutissant à peu près à la base : la qua-

trième aboutissant au point le plus avancé de la sinuosité de
la base du prothorax : les huitième et neuvième avancées presque jusqu'à l'angle huméral : les première et deuxième, septième et neuvième subterminales : la troisième postérieurement liée à la sixième : la quatrième à la cinquième.
Intervalles convexes ou médiocrement convexes ; paraissant
impointillés : le huitième aboutissant à l'angle huméral : le
neuvième un peu plus court, lié au huitième un peu après
l'angle huméral : les troisième et septième postérieurement
unis et prolongés après leur niveau jusqu'à l'angle sutural :
les quatrième et sixième unis en enclosant le cinquième : les
huitième et neuvième ordinairement unis au niveau de l'extrémité du cinquième. *Repli* impointillé. *Dessous du corps* noir ;
peu luisant ; impointillé et offrant de faibles traces de rides sur
les côtés de l'antépectus, obsolètement ponctué sur le milieu
du même segment; impointillé sur les côtés des autres parties
pectorales , des postépisternums et du ventre. Quatre premiers arceaux de ceux-ci marqués à la base d'une rangée
transversale de gros points. *Prosternum* rayé de trois sillons
divisant sa surface en quatre côtes presque égales. *Pieds*
noirs, avec l'extrémité des tibias et les tarses moins obscurs ;
garni sur ces dernières parties de poils fauves très-courts.
Cuisses fincment ponctuées ; les antérieures médiocrement
ou peu robustes , faiblement plus grosses que les autres.
Tibias peu comprimés; peu élargis de la base à l'extrémité :
premier article des tarses postérieurs aussi grand que les
deux suivants réunis , aussi long que le dernier.

PATRIE : l'île Saint-Thomas (collect. Chevrolat).

Obs. Cette espèce a été découverte par M. Sallé.

8. **D. curtus**.

*Ovale-oblong ; d'un noir mat. Antennes brunes, graduellement moins
obscures ou plus claires à l'extrémité. Prothorax élargi en ligne courbe
jusqu'aux deux cinquièmes, subparallèle ensuite ; subsillonné près des
bords latéraux ; rayé d'une ligne au-devant de chaque sinuosité basilaire ;*

*pointillé. Elytres à stries profondes et marquées de points crénelant peu
les intervalles. Ceux-ci impointillés ; médiocrement convexes : le septième
aboutissant à l'angle huméral et uni au huitième : le neuvième uni au précédent vers le sixième de la longueur des étuis. Antépectus un peu obsolètement ridé. Prosternum ordinairement à trois sillons. Repli impointillé.
Ventre ponctué et ridé.*

♂ Cuisses antérieures robustes, plus grosses que les autres ;
arquées sur leur arête externe ; armées d'une assez forte
épine un peu dirigée en arrière, vers les quatre cinquièmes
de leur arête inférieure. Tibias faiblement arqués : les antérieurs un peu moins grêles que les autres. Trois premiers
articles des tarses antérieurs ovalairement dilatés : le quatrième à peine : trois ou quatre premiers articles des tarses
intermédiaires moins sensiblement dilatés. Ventre déprimé
longitudinalement sur son milieu. -

♀ Cuisses antérieures un peu moins robustes, néanmoins
plus grosses que les autres ; inermes. Tibias droits ou presque
droits. Tarses non sensiblement dilatés. Ventre convexe.

Blapstinus curtus (DEYROLLE).

Long. 0^m,0056 (2 l. 1/2). — Larg. 0^m,0036 (1 l. 1/5).

Corps ovale-oblong ; convexe ; glabre ; d'un noir mat. *Tête*
superficiellement pointillée. *Labre* brun ou d'un noir brun.
Palpes bruns ou d'un brun fauve. *Antennes* prolongées
jusqu'aux deux tiers ou trois quarts des côtés du prothorax ;
brunes, d'un brun rougeâtre ou d'un brun fauve à la base,
graduellement plus claires ou d'un fauve testacé, à l'extrémité ; garnies de poils courts ; à troisième article de moitié
plus long qu'il est large : le quatrième un peu plus long que
large : les cinquième à septième obconiques : les sixième et
septième un peu moins longs que larges : les huitième à
onzième, un peu plus gros, subcomprimés : les huitième,
neuvième et dixième cupiformes : le onzième suborbiculaire.
Prothorax élargi en ligne courbe dans sa première moitié ,
puis subparallèle ou à peine élargi en ligne droite dans la

seconde ; bissinué à la base ; arqué en arrière sur les quatre
septièmes médiaires de la largeur de celle-ci, et sensiblement plus prolongé en arrière que les angles postérieurs ;
d'un tiers au moins plus large à la base qu'il est long sur
son milieu ; muni d'un rebord latéral étroit, uniforme ; muni
d'un rebord basilaire plus étroit et un peu affaibli dans son
milieu ; rayé d'une ligne approfondie au-devant de chaque
sinuosité basilaire ; convexe ; pointillé ou superficiellement
pointillé. *Ecusson* deux fois et demie aussi large que long ;
convexement déclive à sa partie postérieure et paraissant
linéairement transverse vu d'arrière en avant. *Elytres* aussi
larges en devant que le prothorax à ses angles postérieurs ;
deux fois et quart aussi longues que lui ; obliquement coupées
à la base sur les deux cinquièmes externes ou un peu plus
de la largeur de chacune ; subparallèles jusqu'à la moitié de
leur longueur , en ogive obtuse postérieurement ; convexes ;
convexement déclives sur les deux cinquièmes postérieurs de
leur longueur ; à stries profondes et marquées de points crénelant peu les intervalles (environ quinze à seize de ces points
sur la quatrième) : les sept premières, basilaires : la neuvième et la septième unies vers l'angle huméral, aboutissant
presque à la base : la huitième, un peu plus courte : la
première postérieurement unie ordinairement à la neuvième :
la deuxième à la septième : la troisième à la sixième : les
quatrième et cinquième unies et plus courtes : la huitième un
peu plus courte que ces dernières, prolongée jusqu'aux trois
quarts ou quatre cinquièmes. *Intervalles* impointillés ; médiocrement convexes : le septième aboutissant à l'angle huméral
où il s'unit au huitième : le neuvième naissant isolé vers le
sixième de la longueur du bord marginal : le premier postérieurement uni au marginal : le deuxième au huitième : le
troisième au septième : le quatrième au sixième en enclosant
le cinquième : le neuvième libre, un peu moins court : de
l'extrémité du cinquième naît souvent une sorte de carène
dirigée en ligne droite vers l'angle sutural, interrompant

les unions ci-dessus indiquées. *Repli* imponctué. *Dessous du corps* d'un noir luisant; ridé sur les côtés de l'antépectus, grossièrement ponctué sur la partie médiane du même segment; assez fortement ponctué sur le ventre, à l'exception du quatrième arceau, ridé longitudinalement sur les trois premiers. *Prosternum* ordinairement rayé de trois sillons. *Postépisternums* superficiellement ponctués. *Pieds* noirs, ou d'un brun noir, avec les tarses moins obscurs. *Cuisses* antérieures plus grosses. *Tibias* assez grêles, peu comprimés, garnis de poils roussâtres surtout vers leur extrémité. *Tarses* garnis en dessous de poils de même couleur : premier article des postérieurs à peine aussi long que les deux suivants réunis, aussi long que le dernier.

PATRIE : l'île de Curaçao (collect. Chevrolat, Deyrolle).

Obs. Cette espèce a été découverte par M. Sallé.

Genre *Pedonœces*, PEDONOECE ; Waterhouse (1).

CARACTÈRES. *Elytres* glabres ; subarrondies à l'angle huméral ; un peu moins larges en devant que le prothorax à ses angles postérieurs ; à repli moins large que le quart de la largeur totale du médipectus. *Prothorax* assez régulièrement convexe, non planiuscule sur les côtés ; bissinué à la base, avec les angles postérieurs dirigés en arrière ; à côté interne de ces angles un peu en ligne arquée. *Ecusson* en triangle une fois plus large que long; un peu déclive postérieurement. *Ailes* nulles ou rudimentaires. *Tibias* antérieurs peu ou point élargis depuis la base jusqu'à l'extrémité; à peine comprimés.

1. **P. galapagoensis** ; WATERHOUSE.

Oblong ; d'un noir luisant. Antennes graduellement fauves ou d'un fauve testacé à l'extrémité. Prothorax faiblement élargi en ligne peu courbe jusqu'aux deux cinquièmes, puis en faible courbe rentrante jusqu'aux angles postérieurs ; marqué d'une fossette triangulaire au-devant de chaque

(1) The *Annals* and *Magazine* of natural History. t. 16 (1845), p. 34.

sinuosité basilaire ; ponctué avec tendance à la réticulation sur les côtés. Elytres à neuf stries sulciformes et ponctuées. Intervalles convexes ou en toit : les huitième et neuvième unis en un prolongement aboutissant au côté interne de l'angle huméral où il se lie au septième intervalle. Antépectus ridé. Hypopygium creusé d'une large fossette.

♂ Cuisses offrant sur le milieu de leur arête inférieure une touffe de duvet fauve. Trois premiers articles des tarses antérieurs et moins sensiblement ceux des intermédiaires, dilatés. Ventre longitudinalement déprimé sur son milieu.

♀ Cuisses glabres en dessous. Trois premiers articles des tarses antérieurs et intermédiaires peu ou point sensiblement dilatés. Ventre convexe.

Pedonœces galapagoensis, WATERHOUSE, Descript. of. Coleopt. Insects collect. by Ch. Darwin id Galapag. Islands *in* the *Annals* and *Magazine* of natur. Histor. t. 14 (1845). p. 35.

Long. 0^m,0067 (3 l.). — Larg. 0^m,0022 (1 l.).

Corps oblong ; médiocrement ou peu fortement convexe ; glabre ; d'un noir luisant. *Tête* sans rebord ; peu convexe ; marquée sur le front de points presque unis en forme de lignes arquées ; pointillée plus densement sur l'épistome. *Labre* et *Palpes* d'un rouge brunâtre. *Antennes* prolongées environ jusqu'aux angles postérieurs du prothorax ; garnies de poils courts ; noires à la base, graduellement moins obscures, avec les trois à cinq derniers articles fauves ou d'un fauve testacé ; à troisième article une fois plus long que large : le quatrième un peu plus grand que le suivant : les cinquième et septième obconiques, à peine plus longs qu'ils sont larges à l'extrémité : les huitième à onzième graduellement un peu plus gros, subcomprimés : les huitième et neuvième obconiques : le huitième aussi long que large : le neuvième un peu plus large qu'il est long : le dixième cupiforme, plus large que long : le onzième suborbiculaire. *Prothorax* obtusément échancré en arc, à son bord antérieur ; faiblement élargi en ligne peu courbe jusqu'aux deux cinquièmes

7

de sa longueur, rétréci ensuite en ligne à peine courbe et sinuée près des angles postérieurs, qui sont en forme de dent dirigée en arrière et légèrement en dehors ; bissinué à la base, avec la partie médiane médiocrement arquée et un peu plus prolongée en arrière que les angles ; d'un tiers environ plus large à la base qu'il est long sur son milieu ; rebordé latéralement ; muni à la base d'un rebord plus étroit, affaibli dans son milieu ; médiocrement convexe ; ponctué, plus fortement sur les côtés ; noté d'une fossette triangulaire au-devant de chaque sinuosité basilaire. *Ecusson* en triangle une fois plus large que long. *Elytres* à peine aussi larges en devant que le prothorax à ses angles postérieurs ; deux fois et demie aussi longues que lui ; un peu obliquement coupées sur le tiers externe de leur base ; à angle huméral émoussé et plus ouvert que l'angle droit ; faiblement élargies en ligne peu courbe depuis le dixième jusqu'à la moitié de leur longueur, en ogive très-obtuse à l'extrémité ; rebordées latéralement ; assez convexes ; à neuf stries sulciformes, marquées dans le fond d'assez gros points crénelant un peu les intervalles : les six premières, la neuvième et à peu près aussi la septième avancées jusqu'à la base : les quatrième et cinquième, et huitième et neuvième, ordinairement unies postérieurement et à peine prolongées au delà des quatre cinquièmes. *Intervalles* parcimonieusement et indistinctement pointillés ; convexes en devant, postérieurement en toit : les huitième et neuvième, unis en devant vers le septième de la longueur des étuis, en un prolongement avancé jusqu'à la base, au côté interne de l'angle huméral où ce prolongement s'unit au septième intervalle : le quatrième ou le cinquième, et le huitième, à peine prolongés postérieurement jusqu'aux quatre cinquièmes de la longueur des étuis, le huitième enclos par les septième et neuvième. *Repli* imponctué. *Dessous du corps* peu luisant ; noir ; marqué de rides obliques sur les côtés de l'antépectus, rugueusement ponctué sur le milieu du même segment ; ponctué sur les autres parties pectorales et sur la base du ventre ; pointillé sur le reste de celui-ci. *Prosternum* en fer de lance ; à deux sillons légers , séparés par un intervalle médiocrement saillant. *Postépister-nums* pointillés. *Partie antéro-médiaire* du premier arceau ventral obtusément tronquée , un peu moins large que le mésosternum. *Hypopygium* creusé d'une large fossette sub-triangulaire. *Pieds* noirs, avec les jambes moins obscures vers l'extrémité et les tarses fauves ou d'un fauve brun ; peu garnis de poils. *Cuisses* antérieures plus grosses , arquées à leur partie antérieure. *Tibias* grèles, subcomprimés , faiblement élargis de la base à l'extrémité.

Patrie : les îles de Galapagos (collect. Waterhouse (*type*).

Obs. Le corps du ♂ est proportionnellement un peu plus étroit, et de là résultent quelques légères variations. Ainsi, à en juger par les deux exemplaires qui nous ont été communiqués , chez le ♂ , le prothorax est légèrement sinué latéralement près des angles postérieurs ; subréticuleusement ponctué en dessus près des bords latéraux. Les élytres ont les intervalles des stries plus en toit ou en carène. Chez la ♀ , le prothorax est à peu près en ligne droite sur les trois cinquièmes postérieurs de ses côtés ; sa ponctuation près de ceux-ci offre seulement une tendance à la réticulation ; les intervalles des stries des élytres sont plutôt convexes qu'en carène. La disposition des stries et le nombre des points de celles-ci paraît aussi un peu varier : tantôt les troisième et quatrième stries sont unies postérieurement , tantôt ce sont les quatrième et cinquième : dans le premier cas, le quatrième intervalle est le plus court : dans le deuxième c'est le cinquième. Le nombre des points varie de dix-neuf à vingt-cinq sur la quatrième strie.

Malgré ces variations, cette espèce se reconnaît assez bien à la ponctuation de la tête ; à son prothorax moins large et subréticuleusement ponctué près des côtés, à ses élytres coupées moins obliquement et en ligne moins droite sur le tiers externe de sa base ; à ses angles huméraux émoussés , et surtout à la disposition que présentent en devant les septième, huitième et neuvième intervalles des élytres, et à la fossette large et subtriangulaire de son hypopygium.

Genre *Notibius*, NOTIBIUS; Leconte (1).

CARACTÈRES. *Elytres* glabres; non coupées à l'angle huméral qui est prononcé et un peu avancé; à peine aussi larges en devant que le prothorax à ses angles postérieurs. *Prothorax* assez régulièrement convexe; non planiuscule sur les côtés; à angles postérieurs dirigés en arrière, avec les trois cinquièmes médiaires de son bord postérieur presque en ligne droite. *Ecusson* peu distinct sur le dos du mésothorax; à peine aussi prolongé en arrière à sa partie postérieure, que la partie antérieure des intervalles des stries des élytres. (2). *Ailes* nulles ou rudimentaires. *Tibias* antérieurs comprimés; élargis sensiblement depuis la base jusqu'à l'extrémité.

1. **N. granulatus**; LECONTE.

Oblong; médiocrement convexe; noir. Antennes et pieds d'un brun rouge. Prothorax offrant vers les deux cinquièmes sa plus grande largeur, à peine plus large à la base qu'en devant; à angles postérieurs dirigés en arrière; étroitement rebordé sur les côtés et à la base; plus large que long; granuleusement ou râpeusement ponctué. Ecusson peu distinct. Elytres ovalaires; à stries sulciformes et ponctuées. Intervalles médiocrement convexes, granuleux. Antépectus ridé. Ventre râpeux. Prosternum granuleux bissillonné.

♂ Tibias antérieurs inégalement élargis depuis la base jusqu'à l'extrémité; munis d'une dent vers les deux cinquièmes de leur tranche inférieure ou interne, faiblement échancrés entre ce point et l'extrémité. Tarses antérieurs peu ou point dilatés.

♀ Tibias antérieurs régulièrement élargis depuis la base

(1) *Annals* of the Lyceum of natural History, t. 5 (1851). p. 144.
(2) Peut-être ce caractère n'est-il pas commun à toutes les espèces.

jusqu'à l'extrémité ; non munis d'une dent sur leur tranche interne.

Notibius granulatus, Leconte, Descript. of New Species of Coleopt. from California , in *Annals* of the Lyceum of natur Histor. of New-York t. 5 (1851). p. 145. 2. (*type*).

Long. 0^m,0025 à 0^m,0029 (1 l. 1/8 à 1 l. 1/3). — Larg. 0^m,0020 (9/10 l.).

Corps oblong ou suballongé ; médiocrement convexe, glabre ; d'un noir mat ou peu luisant. *Tête* plus large que longue ; râpeuse ou chargée d'une granulation râpeuse : suture frontale en angle ouvert, dirigé en arrière et très-émoussé : épistome parfois graduellement d'un brun rougeâtre en devant. *Labre* d'un brun rougeâtre, à peine échancré. *Palpes* bruns ou d'un brun rouge. *Antennes* prolongées jusqu'aux quatre cinquièmes environ des côtés du prothorax ; glabres ou presque glabres ; ordinairement d'un brun rougeâtre ; à troisième article une fois plus long que large : le quatrième un peu plus long que large : les cinquième à septième à peine aussi longs que larges : les quatre derniers subcomprimés, plus gros, surtout les neuvième et dixième : les huitième à dixième plus larges que longs : le onzième suborbiculaire. *Prothorax* échancré en arc assez faible, en devant ; irrégulièrement arqué sur les côtés, élargi en ligne courbe jusqu'aux deux cinquièmes, et offrant vers ce point sa plus grande largeur, rétréci ensuite en ligne presque droite ; à peine plus large aux angles postérieurs qu'aux antérieurs ; bissinué ou subbissinué à la base, avec les angles postérieurs dirigés en arrière, et les deux tiers médiaires soit arqués en arrière soit presque en ligne droite ; muni d'un rebord étroit sur les côtés et à la base ; de moitié plus large à celle-ci qu'il est long sur son milieu, médiocrement convexe ; couvert de points subarrondis et râpeux ou couvert de petits grains plus faibles sur le dos que sur les côtés. *Ecusson* peu distinct. *Elytres* à peu près aussi larges en devant que le prothorax à ses angles

postérieurs ; deux fois et quart aussi longues que lui ; ovalaires, un peu élargies en ligne courbe jusqu'à la moitié,
rétrécies ensuite en ligne courbe jusqu'à l'angle sutural ;
munies d'un rebord latéral étroit ; médiocrement convexes ;
longitudinalement planiuscules sur le dos jusqu'à la moitié,
convexement déclives postérieurement ; à neuf stries sulciformes et ponctuées (plus de quarante points sur la quatrième). *Intervalles* médiocrement convexes, granuleux ou
chargés de petits grains un peu râpeux : les intervalles un
peu affaiblis en devant : le septième presque lié au neuvième,
vers l'angle huméral : le huitième un peu raccourci en
devant : le cinquième ou variablement les cinquième et
sixième plus courts postérieurement et enclos par les voisins.
Repli finement granuleux. *Dessous du corps* noir, brun ou
brun rougeâtre ; ridé sur les côtés de l'antépectus, granuleusement ponctué sur le ventre ; garni de poils indistincts.
Prosternum ovale-oblong ; granuleux ; rayé de deux courts
sillons entre les hanches. *Pieds* d'un brun rouge ou d'un
rouge brun. *Cuisses* antérieures plus grosses, garnies de poils
presque indistincts : tibias antérieurs comprimés, râpeux,
denticulés sur la tranche externe ; les autres râpeux et garnis
de poils subspinosules : premier article des tarses postérieurs
moins long que les deux suivants réunis.

Patrie : la Californie (collect. J. Leconte, type).

Genre *Lachnoderes*, Lachnodère.

Caractères. *Elytres* pubescentes ; peu obliquement coupées en ligne courbe au côté externe de leur base ; au moins
aussi larges en devant que le prothorax à son bord postérieur ; à repli moins larges en devant que le quart de la
largeur totale du médipectus. *Prothorax* assez régulièrement
convexe ; bissinué à la base, avec les angles postérieurs
dirigés en arrière, à côté interne de ces angles en ligne un
peu courbe. *Ecusson* deux fois aussi large à la base que long

sur son milieu ; postérieurement déclive. *Ailes* nulles ou rudimentaires. *Tibias* antérieurs comprimés, sensiblement élargis
depuis la base jusqu'à l'extrémité.

1. L. pubescens.

*Ovale-oblong ; d'un noir ou brun de poix ; garni de poils fins, couchés,
d'un fauve testacé. Antennes brunes, graduellement d'un fauve testacé.
Prothorax faiblement arqué latéralement ; bissinué et très-étroitement rebordé à la base ; sans fossette au-devant des sinuosités ; ponctué. Elytres
aussi larges que le prothorax, à stries glabres, sulciformes et ponctuées.
Intervalles convexes, pubescents : les sept premiers avancés jusqu'à la base :
le huitième aboutissant ou à peu près à l'angle huméral. Antépectus finement sillonné.*

♂ *Cuisses* antérieures assez renflées. Trois premiers articles des tarses antérieurs ovalairement et fortement dilatés :
les mêmes des intermédiaires médiocrement. *Ventre* longitudinalement déprimé sur son milieu ; dernier arceau du ventre
déprimé transversalement sur sa seconde moitié.

♀ Inconnue.

Padonœces pubescens, Waterhouse, Descript. of Coleopter. Insects collected by Charles
Darwin, in the Galapagos Islands, *in* the Annals and Magaz. of natur. History t. 16,
p. 36.

Long. 0ᵐ,0059 (2 l. 2/3). — Larg. 0ᵐ,0022 (1 l.).

Corps ovale-oblong ; médiocrement convexe ; garni de
poils fins, couchés, d'un fauve testacé ; couleur de poix ou
d'un noir de poix. *Tête* marquée de points peu serrés sur le
front, ruguleuse sur l'épistome. *Labre* d'un brun rougeâtre.
Palpes et parties de la bouche d'un brun rougeâtre. *Antennes*
prolongées environ jusqu'aux angles postérieurs du prothorax ;
garnies de poils courts ; brunes à la base, graduellement d'un
brun testacé à l'extrémité : à troisième article une fois plus
long que large : les cinquième à neuvième à peine plus longs
ou aussi longs que larges : le dixième cupiforme, plus large

que long : le dernier suborbiculaire : les quatre derniers sub-comprimés, un peu plus larges que les précédents. *Epistome* deux fois environ aussi long que large ; postérieurement déclive. *Prothorax* échancré en arc, en devant ; faiblement arqué sur les côtés, offrant vers la moitié de sa longueur sa plus grande largeur ; moins sensiblement rétréci en arrière qu'en devant et plus large aux angles postérieurs qu'aux anté-rieurs ; bissinué à la base, avec les deux tiers de celle-ci ar-quée en arrière et un peu moins prolongée dans le milieu de cette partie que les angles ; d'un tiers au moins plus large à sa base qu'il est long sur son milieu ; muni d'un rebord latéral étroit, un peu saillant ; muni à la base d'un rebord plus étroit, à peine rayé d'une ligne au-devant de chaque sinuosité basi-laire ; médiocrement convexe ; d'un noir de poix ; marqué de points petits et peu rapprochés, donnant chacun naissance à un poil couché, d'un fauve testacé. *Ecusson* en triangle ou presque en demi-cercle, deux fois et demie environ aussi large à la base que long sur son milieu ; déclive postérieure-ment ; d'un noir ou brun de poix. *Elytres* au moins aussi larges en devant que le prothorax à ses angles postérieurs ; trois fois aussi longues que lui ; un peu obliquement coupées sur le tiers externe de la base de chacune ; oblongues ; subpa-rallèles jusque vers la moitié de leur longueur, rétrécies ensuite en ligne courbe jusqu'à l'angle sutural ; en ogive à l'extrémité ; munies latéralement d'un rebord visible en des-sus ; médiocrement convexes ; subconvexement déclives sur le tiers postérieur de leur longueur ; à stries sulciformes, gla-bres et ponctuées (trente-six à quarante points environ sur la quatrième) : les sept premières aboutissant à la base : les huitième et neuvième unies en devant et aboutissant presque ou à peu près à l'angle huméral : la première postérieure-ment unie à la neuvième : la deuxième à la septième : la troisième à la sixième : les quatrième et cinquième plus courtes. *Intervalles* convexes ; garnis de poils d'un fauve testacé, fins, couchés : les sept premiers aboutissant à la

basc : le huitième aboutissant en devant à l'angle huméral ou
presque à cet angle : le neuvième plus court : le deuxième
postérieurement lié aux huitième et neuvième, réduits à un
seul , le troisième uni au septième : les quatrième, cinquième
et sixième plus courts, enclos par les troisième et septième.
Repli ruguleusement pointillé. *Dessous du corps* d'un noir de
poix ; parcimonieusement garni de poils fins ; ridé ou finement
sillonné sur les côtés de l'antépectus ; ponctué sur le reste ;
garni de rides longitudinales sur les premiers arceaux du
ventre. *Prosternum* ovale-oblong ; postérieurement déclive ;
à deux ou quatre raies longitudinales. *Pieds* d'un noir ou
brun de poix ; garnis de poils fins, d'un fauve testacé, plus
apparents et plus jaunâtres sur les tibias et les tarses. *Cuisses*
antérieures plus grosses. *Tibias* inermes ; comprimés ; graduellement un peu élargis. *Tarses* à peu près de la couleur
des tibias : premier article des postérieurs presque aussi long
que les deux suivants réunis, un peu moins long que le dernier.

Patrie : L'île de Chatham, l'une des iles Galapagos.

Obs. Elle a été découverte par M. Darwin et prise par lui
sous des pierres, sur une colline.

Genre *Sellio*, Sellion.

Caractères. *Elytres* pubescentes ; obliquement coupées sur
les côtés de leur base , à l'angle huméral ; moins larges en
devant que le prothorax à ses angles postérieurs ; ovalaires
ou ovales-oblongues, rétrécies en devant, ordinairement armées d'une petite dent à l'angle huméral ; à repli moins large
en devant que le quart de la largeur totale du médipectus.
Prothorax bissinué à la base , vers chaque sixième externe
de celle-ci ; à angles postérieurs dirigés en arrière , à côté
interne de ces angles en ligne à peu près droite ; assez régulièrement convexe, non planiuscule sur les côtés. *Ecusson*
deux fois aussi large à la base qu'il est long sur son milieu ;

postérieurement déclive. *Ailes* nulles ou rudimentaires. *Tibias* antérieurs peu élargis depuis la base jusqu'à l'extrémité, et à peine comprimés (du moins chez la ♀); quelquefois munis d'une dent sur leur tranche interne, chez le ♂.

1. S. coarctatus.

Suballongé ; garni de poils obscurs et soyeux ; d'un noir grisâtre. Antennes noires, avec les trois ou quatre derniers articles fauves ou d'un fauve testacé. Prothorax arqué sur les côtés ; rayé d'une ligne au-devant des sinuosités basilaires ; finement ponctué. Elytres obliquement coupées sur le tiers externe de la base de chacune; ovales-oblongues ; à stries prononcées et marquées de points crénelant les intervalles ; ceux-ci pointillés ; assez faiblement convexes ; le septième aboutissant à l'angle huméral , lié avec le neuvième en enclosant le huitième. Repli et dessous du corps pointillé. Antépectus à peine ridé. Prosternum à trois côtes. Quatre premiers arceaux du ventre marqués à leur base d'une rangée transversale de gros points.

♂ Cuisses antérieures plus grosses , arquées à leur bord antérieur. Tibias antérieurs subcylindriques, faiblement renflés vers les trois cinquièmes de leur arête inférieure , puis légèrement rétrécis et sinués entre ce point et l'extrémité. Tibias intermédiaires et postérieurs plus sensiblement comprimés ; les intermédiaires graduellement et faiblement élargis de la base à l'extrémité ; les postérieurs renflés et sinués d'une manière analogue aux premiers. Trois premiers articles des tarses antérieurs et intermédiaires, dilatés : le deuxième plus que le premier et surtout que le troisième : le quatrième à peine. Ventre déprimé longitudinalement sur son tiers médiaire. Hypopygium offrant près de l'extrémité une dépression transversale au sillon presque obsolète.

♀ Inconnue.

Blapstinus coarctatus (Chevrolat).

Long. 0^m,0090 (4 l.). — Larg. 0^m,0033 (1 l. 1/2).

Corps suballongé ; garni de poils fins , soyeux , d'un brun fauve ; noir, mais paraissant d'un noir gris par l'effet des poils. *Tête* marquée de points médiocres, peu serrés sur le front et sur l'épistome. *Labre* noir ou brun. *Palpes maxillaires* noirs, à dernier article brun ou d'un brun fauve. *Antennes* prolongées environ jusqu'aux angles postérieurs du prothorax ; garnies de poils courts ; noires ou brunes, avec les trois ou quatre derniers articles fauves ou d'un fauve testacé : au moins dans leur seconde moitié ; le troisième de moitié plus long que large : le quatrième visiblement plus long que large : les cinquième à septième à peine plus longs que larges : les huitième à onzième subcomprimés : les huitième à dixième moins longs que larges, le huitième obconique : les neuvième et dixième cupiformes ou en ovale transverse : le onzième suborbiculaire. *Prothorax* échancré en arc, en devant ; arqué sur ses côtés, offrant vers la moitié de ceux-ci sa plus grande largeur, à peine plus large aux angles postérieurs qu'aux antérieurs ; bissinué à la base, avec les deux tiers de celle-ci arqués en arrière et un peu plus prolongés dans le milieu de cette partie que les angles ; d'un tiers au moins plus large à la base qu'il est long sur son milieu ; muni d'un rebord latéral très-étroit ; muni d'un rebord basilaire en partie écrasé et un peu moins étroit ; déprimé et rayé d'une ligne au-devant de chaque sinuosité basilaire ; médiocrement convexe ; peu garni de poils fins et soyeux ; d'un noir grisâtre ; marqué de points très-petits, surtout sur le dos et peu rapprochés. *Ecusson* en triangle deux fois et quart aussi large que long ; déclive à sa partie postérieure et linéairement transverse, à certain jour. *Elytres* aussi larges en devant que le prothorax à ses angles postérieurs ; trois fois aussi longues que lui ; obliquement coupées sur le tiers externe de la base de chacune ; ovales-oblongues, assez notablement élargies en ligne un peu courbe jusqu'à la moitié environ de leur longueur, rétrécies ensuite, en ogive très-obtuse à l'extrémité ; rebordées latéralement, mais à rebord peu visible en dessus ; subconvexement déclives sur les deux cinquièmes postérieurs de leur longueur; à stries très-prononcées ou subsulciformes, et marquées de points crénelant les intervalles (environ vingt sur la quatrième), les six premières et la neuvième aboutissant à peu près à la base : les septième et huitième plus courtes et unies en devant : la première presque unie postérieurement à la neuvième, et la deuxième à la septième : la troisième unie à la sixième : la quatrième à la cinquième : la huitième un peu moins courte que ces deux dernières. *Intervalles* pointillés ; garnis de poils fins, peu épais : assez faiblement ou médiocrement convexes : le septième aboutissant à l'angle huméral, uni un peu après cet angle avec le neuvième, en enclosant le huitième : le premier postérieurement uni au rebord marginal : le deuxième lié au septième et offrant ordinairement après leur union un prolongement aboutissant au premier intervalle dans la direction de l'angle sutural : le quatrième uni au sixième en enclosant le cinquième : les huitième et neuvième unis à leur partie postérieure et prolongés presque jusqu'au bord apical des étuis. *Repli* pointillé. *Dessous du corps* noir ou d'un noir grisâtre ; peu garni de poils très-courts ; obsolètement pointillé, presque lisse ou à peine ridé sur les côtés de l'antépectus, assez fortement ponctué sur le milieu de ce segment ; pointillé parcimonieusement sur les autres parties pectorales et sur les postépisternums ; finement et peu densement ponctué sur le ventre, garni de rides longitudinales sur les trois ou quatre premiers arceaux ; noté à la base des quatre mêmes arceaux d'une rangée transversale de gros points. *Prosternum* ovale-oblong ; à deux sillons divisant sa surface en trois côtes longitudinales. *Pieds* noirs ; garnis de poils d'un fauve roussâtre sur les tibias (principalement vers l'extrémité) et sous les tarses. *Cuisses* antérieures plus grosses. *Tibias* inermes ; peu comprimés ; subparallèles ou peu élargis. *Tarses* parfois moins obscurs : premier article des postérieurs à peu près aussi long que les deux suivants réunis, aussi long que le dernier.

PATRIE : Saint-Domingue (collect. Chevrolat).

Obs. Cette espèce a été découverte par M. Sallé.

2. **S. tibidens** ; Schoenherr.

Suballongé ; garni de poils fins, soyeux, obscurs , peu épais ; noir ou d'un noir grisâtre. Antennes noires, avec les trois ou quatre derniers articles d'un fauve testacé. Prothorax élargi en ligne peu courbe jusqu'aux deux cinquièmes , puis faiblement rétréci en ligne presque droite ; rayé d'une ligne au-devant des sinuosités basilaires ; finement ponctué. Elytres d'un huitième plus étroites en devant que le prothorax ; ovales-oblongues ; à stries profondes , marquées de points crénelant les intervalles ; ceux-ci pointillés, convexes : le septième aboutissant à l'angle huméral : les septième et neuvième avancés à peu près jusqu'à cet angle, après leur union. Antépectus ridé. Prosternum à deux sillons ; trois premiers arceaux du ventre marqués d'une rangée transversale de gros points.

♂ Cuisses antérieures robustes , plus fortes , arquées sur leur tranche antérieure. Tibias antérieurs armés d'une forte dent vers les trois cinquièmes ou un peu plus de leur arête inférieure, c'est-à-dire triangulairement élargis depuis la base jusqu'aux trois cinquièmes ou aux deux tiers, et perpendiculairement coupés après ce point, parallèles sur le tiers postérieur. Tibias intermédiaires et postérieurs inermes , faiblement élargis de la base à l'extrémité. Trois premiers articles des tarses antérieurs fortement élargis , les deuxième et troisième surtout, le quatrième à peine : trois premiers articles des intermédiaires médiocrement dilatés. Ventre déprimé longitudinalement sur son milieu.

♀ Cuisses antérieures moins robustes , moins arquées. Tibias antérieurs médiocrement élargis depuis la base jusqu'aux deux tiers de leur arête inférieure , un peu anguleux dans ce point, subparallèles ensuite. Tibias intermédiaires et postérieurs faiblement et régulièrement élargis de la base à l'extrémité , plus sensiblement comprimés. Trois ou quatre premiers articles des tarses antérieurs faiblement dilatés : le troisième moins faiblement. Ventre convexe ou peu sensiblement déprimé sur le milieu de sa longueur.

Blaps tibidens. Schoenherr. Synon. ins. t. 1, p. 117, 24. (Décrit par Quensel. — suivant le type existant au muséum de Stockholm.)

Long. 0^m,0072 à 0^m,0078 (3 l. 1/4 à 3 l. 1/2.) — Larg. 0^m,0028
(1 l. 1/4) .

Corps suballongé ; longitudinalement arqué ; d'un noir tirant sur le grisâtre ; garni de poils fins et clair-semés ou peu apparents. *Tête* marquée de points assez petits, peu rapprochés sur le front, à peine plus rapprochés sur l'épistome. *Labre* brun. *Palpes maxillaires* d'un brun fauve ou testacé à l'extrémité. *Antennes* prolongées presque jusqu'aux angles postérieurs du prothorax; garnies de poils courts ; noires ; avec les trois ou quatre derniers articles fauves ou d'un fauve testacé : le troisième de moitié plus long que large : le quatrième visiblement plus long que large : les cinquième et septième à peine aussi longs ou plus longs que larges : les huitième à onzième subcomprimés, plus larges que longs : les huitième à dixième cupiformes, ou presque en ovale transverse : le onzième suborbiculaire. *Prothorax* échancré en arc en devant ; irrégulièrement arqué sur les côtés, c'est-à-dire élargi en ligne peu courbe jusqu'aux deux cinquièmes ou environ, et offrant, dans ce point, sa plus grande largeur, puis plus faiblement rétréci en ligne presque droite ; sensiblement plus large aux angles postérieurs qu'à ceux de devant ; bissinué à la base, avec les trois cinquièmes médiaires de celle-ci obtusément arquée en arrière et à peine plus prolongée en arrière, dans le milieu de cette partie, que les angles postérieurs; de moitié plus large à la base qu'il est long sur son milieu ; muni sur les côtés et à la base d'un rebord très-étroit; ce dernier souvent affaibli dans son milieu; rayé d'une ligne au-devant de chaque sinuosité basilaire; peu fortement convexe ; noir ou d'un noir tirant sur le grisâtre ; marqué de points assez petits, surtout sur le dos, donnant chacun naissance à un poil court, obscur, peu apparent. *Ecusson* en triangle, une fois plus large que long, déclive à

sa partie postérieure et paraissant linéairement transverse, à
certain jour ; ponctué. *Elytres* d'un huitième ou d'un sixième
plus étroites en devant que le prothorax à ses angles postérieurs ; trois fois aussi longues que lui ; obliquement coupées
sur les deux septièmes externes ou un peu plus de leur base ;
ovales-oblongues, élargies sensiblement jusqu'à la moitié de
leur longueur, rétrécies ensuite en ligne plus sensiblement
courbe , subarrondies ou en ogive obtuse à l'extrémité ;
munies latéralement d'un rebord peu apparent quand l'insecte est examiné perpendiculairement en dessus ; convexement déclives à partir des deux cinquièmes postérieurs de leur
longueur ; à stries profondes ou très-prononcées et notées de
points crénelant les intervalles (environ vingt-trois sur la
quatrième) : les six premières avancées à peu près jusqu'à la
base : la quatrième , correspondant au point le plus avancé
de la sinuosité de la base du prothorax : les septième et neuvième unies et à peu près avancées jusqu'à l'angle huméral
après leur union : la première postérieurement unie à la neuvième : la deuxième à la septième : la troisième à la sixième :
la quatrième à la cinquième : la huitième unie à la neuvième,
à peine prolongée jusqu'aux trois quarts des étuis. *Intervalles*
pointillés ou marqués de points très-petits et peu apparents à la
vue, donnant chacun naissance à un poil obscur, court, peu
apparent ; convexes, plus sensiblement à leur partie postérieure : le septième aboutissant en devant à l'angle huméral ,
les huitième et neuvième plus courts et unis en devant : le
premier postérieurement uni au rebord marginal : le deuxième au huitième : le troisième au septième : le quatrième
au sixième, en enclosant le cinquième : le huitième à peine
prolongé jusqu'aux trois quarts des étuis. *Repli* presque impointillé. *Dessous du corps* noir, luisant ; presque glabre ; ridé
et finement ponctué sur les côtés de l'antépectus , marqué
d'assez gros points ronds sur le milieu du même segment ;
lisse, ou presque impointillé sur les autres parties pectorales,
garni de rides longitudinales un peu obsolètes sur les trois

ou quatre premiers arceaux du ventre ; marqué à la base desdits arceaux d'une rangée transversale de gros points. *Prosternum* ovale-oblong ; à deux sillons divisant sa surface en trois côtes longitudinales. *Hypopygium* ou dernier arceau ventral offrant deux sillons longitudinaux un peu obsolètes, divisant sa surface en trois parties à peu près égales. *Pieds* noirs, garnis de poils d'un brun roussâtre sur les tibias (surtout sur la moitié postérieure de ceux-ci et sous les tarses. *Cuisses* antérieures plus fortes. *Tibias* peu comprimés. *Tarses* parfois moins obscurs : le premier article des postérieurs aussi long que les deux suivants réunis, aussi grand que le dernier.

PATRIE : L'Afrique, suivant Schœnherr ; les Antilles (Muséum de Paris : collect. Chevrolat, Deyrolle).

DEUXIÈME BRANCHE.

BLAPSTINAIRES.

CARACTÈRES. *Antennes* offrant les trois ou quatre derniers articles plus gros : le troisième de moitié au moins plus long que large : quelques-uns des quatrième à sixième plus longs que larges. *Yeux* coupés et enclos sur les côtés de la tête. *Elytres* offrant les septième et huitième intervalles des stries des élytres non complétement séparés en devant par les stries ou rangés striales de points, qui ne s'avancent pas jusqu'à la base des étuis ; à repli de faible ou médiocre largeur. *Prothorax* ordinairement bissinué à la base, rarement en ligne droite. *Partie antéro-médiaire* du premier arceau ventral, ordinairement tronqué en devant, parfois en ogive ou presque en pointe.

Cette branche peut être réduite aux genres suivants :

échancrées chacune en arc à la base, entre l'écusson et l'angle
huméral, laissant ainsi un espace vide entre leur bord antérieur
et le bord postérieur du prothorax qui est en ligne droite. *Cenophorus.*

Prothorax bissinué à sa base, avec les angles postérieurs dirigés en arrière. *Blapstinus.*

Prothorax en ligne presque droite, ou plutôt légèrement arqué en arrière et sans sinuosité bien sensible
à sa base. *Lodinus.*

Genre *Cenophorus*, Cénophore.

CARACTÈRES. *Elytres* échancrées chacune en arc, à la base,
entre l'écusson et l'angle huméral , laissant ainsi un espace
vide entre leur bord antérieur et le bord postérieur du prothorax ; à angle huméral prononcé et un peu avancé ; à septième et huitième stries non avancées jusqu'à la base. *Prothorax* en ligne droite à sa base. *Ailes* nulles ou rudimentaires.
Partie antéro-médiaire du premier arceau ventral tronquée
en devant ; aussi large que le bord postérieur du mésosternum. *Tibias* antérieurs à peine élargis depuis la base jusqu'à
l'extrémité ; peu comprimés.

1. C. viduus.

*Assez court ; subparallèle sur la moitié médiane de sa longueur ; glabre ;
d'un noir mat. Antennes d'un fauve brun , avec les trois derniers articles
d'un fauve testacé. Prothorax élargi en ligne courbe jusqu'aux deux cinquièmes, parallèle ensuite ; tronqué à la base ; superficiellement pointillé.
Elytres offrant chacune entre leur base et celle du prothorax un espace vide
en arc dirigé en arrière ; à stries profondes et marquées de points crénelant
peu les intervalles; ceux-ci à peine pointillés; variablement convexes: le neuvième aboutissant à l'angle huméral près duquel il se lie au septième. Prosternum à trois sillons. Trois premiers arceaux du ventre ponctués et ridés,
et marqués à la base d'une rangée transversale de gros points.*

♂ Cuisses antérieures plus grosses , plus robustes. Tibias
antérieurs à peine un peu plus élargis que les suivants. Trois

premiers articles des tarses antérieurs assez fortement dilatés,
surtout les deuxième et troisième : le quatrième à peine :
les mêmes articles des tarses intermédiaires faiblement dilatés. Ventre déprimé longitudinalement sur son milieu.

♀ Cuisses antérieures un peu moins robustes, plus grosses
toutefois que les autres. Tarses non dilatés. Ventre convexe.

Long. 0ᵐ,0067 (3 l.). — Larg. 0ᵐ,0030 (1 l. 2/5).

Corps assez court ; subparallèle depuis la moitié des côtés
du prothorax jusqu'à la moitié des élytres ; glabre ; d'un noir
mat. *Tête* marquée de points assez petits, peu rapprochés sur
le front, un peu plus rapprochés sur l'épistome. *Labre* brun
ou brun noir. *Palpes maxillaires* d'un fauve brunâtre ou fauves. *Antennes* prolongées jusqu'aux deux tiers ou trois quarts
des cotés du prothorax ; d'un brun fauve ou fauves à la base,
graduellement d'un fauve livide ou testacé à l'extrémité : à
troisième article , une fois environ plus long que large : le
quatrième visiblement plus long que large : les cinquième
et sixième au moins aussi longs que larges : le septième à
peine aussi long que large : les huitième à onzième comprimés : les huitième à dixième plus larges que longs : le huitième obconique : le neuvième cupiforme : le dixième en ovale
transverse : le onzième rétréci en pointe obtuse dans sa seconde moitié. *Prothorax* échancré en devant ; élargi en ligne
courbe jusqu'aux deux cinquièmes, parallèle ensuite ; à angles
postérieurs rectangulairement ouverts ; tronqué et sans
sinuosités à la base, ou à peine moins prolongé en arrière sur
chaque cinquième externe de celle-ci ; d'un tiers plus large
que long, muni latéralement d'un rebord étroit, muni à la base
d'un rebord plus étroit interrompu sur son quart ou sur son
tiers médiaire ; en général convexement un peu déclive sur
cette partie médiaire ; convexe ; indistinctement pointillé
sur le dos ; peu densement et très-finement ponctué ou pointillé sur les côtés. *Ecusson* en triangle deux fois et demie aussi

large que long ; déclive postérieurement et paraissant presque
linéairement transverse, vu à certain jour. *Elytres* aussi larges en devant que le prothorax à ses angles postérieurs ; deux
fois et demie aussi longues que lui ; échancrées chacune en
arc faible et déclives en devant, depuis les côtés de l'écusson
jusque près de l'angle huméral, laissant ainsi chacune entre
leur base et le bord postérieur du prothorax, un espace vide
formé par cette échancrure ; à angle huméral rectangulairement ouvert ; parallèles jusqu'à la moitié environ de leur longueur, en ogive obtuse postérieurement ; convexement déclives à partir du tiers postérieur de leur longueur, subper-
pendiculaires à l'extrémité ; munies d'un rebord latéral peu
visible quand l'insecte est examiné en dessus ; à neuf stries
profondes ou prononcées, marquées de points crénelant peu
les intervalles (vingt à vingt-un sur la quatrième) ; les six
premières et la neuvième à peu près avancées jusqu'à la
base : les septième et huitième plus courtes et unies en devant : la deuxième postérieurement unie à la huitième : la
troisième à la septième : la quatrième à la cinquième ; ces dernières un peu plus courtes que la huitième. *Intervalles* presque impointillés ; tantôt médiocrement convexes, tantôt convexes ; le septième aboutissant à l'angle huméral, en s'élargissant en devant où il s'unit avec le neuvième en enclosant le
huitième : le deuxième postérieurement uni au huitième : le
troisième au septième : le quatrième au sixième, en enclosant
le cinquième. *Repli* impointillé. *Dessous du corps* noir ; légèrement ridé, ou presque lisse sur les côtés de l'antépectus ;
fortement ponctué sur la partie médiane du même segment ;
parcimonieusement et superficiellement ponctué sur les côtés
des autres parties pectorales et sur les postépisternums ; ridé
et peu densement ponctué sur les trois ou quatre premiers
arceaux du ventre ; ponctué sur le dernier, celui-ci sans fossette apparente (♂ ♀) ; marqué à la base des trois premiers
arceaux du ventre d'une rangée transversale de gros points.
Prosternum fortement ponctué ; à trois sillons divisant sa sur-

face en quatre côtes plus ou moins faibles, dont les deux médiaires ordinairement unies postérieurement. *Pieds* noirs, avec la moitié postérieure des tibias et les tarses, moins obscurs ; garnis sur les tibias (surtout sur sa seconde moitié) et sous les tarses, de poils d'un fauve roussâtre assez courts. *Cuisses* fortement ponctuées : les antérieures plus grosses. *Tibias* peu comprimés ; à peu près droits, simples, inermes et peu élargis graduellement de la base à l'extrémité (♂ ♀). Premier article des tarses postérieurs aussi long que les deux suivants réunis, aussi long que le dernier.

PATRIE : Saint-Domingue (collect. Chevrolat).

Obs. Elle a été découverte par M. Sallé.

Genre *Blapstinus*, BLAPSTINE ; Waterhouse (1).

CARACTÈRES. *Elytres* non échancrées chacune à la base, entre l'écusson et l'angle huméral ; plus ou moins obliquement coupées à l'angle huméral ; à septième et huitième stries non avancées jusqu'à la base. *Prothorax* bissinué à la base, avec les angles postérieurs dirigés en arrière. *Ailes* parfois nulles ou rudimentaires, parfois existantes. *Partie antéro-médiaire* du premier arceau ventral ordinairement tronquée en devant, parfois en ogive ou presque en pointe. *Tibias* antérieurs le plus souvent à peine comprimés et très-faiblement élargis depuis la base jusqu'à l'extrémité.

(1) Ce genre indiqué par feu le comte Dejean (Catal. 1821, p. 66), et dont la diagnose a été ébauchée par Latreille (*Règn. anim.* de Cuvier, 2e édit., 1829, partie entomol. t. 2. p. 21) a été plus nettement caractérisé par M. Waterhouse. Mais, ici, cette coupe a une moindre étendue que celle assignée par ce savant.

Ce genre, quoique restreint dans des limites plus étroites, renferme encore de nombreux insectes, et se compose d'espèces n'ayant pas toutes un faciès parfaitement harmonique. Les premières se rapprochent de celles du genre *Diastolinus* par leurs corps assez régulièrement convexe ; d'un noir mat, privé d'ailes ou n'en ayant que de rudimentaires, par la forme des angles postérieurs du prothorax et par celle de l'écusson. Les autres s'éloignant un peu de ces types ; mais on passe des uns aux autres par des transitions si insensibles, qu'il est difficile d'établir des coupes génériques bien distinctes. La présence ou l'absence des ailes ne peut, à cet égard offrir aucune règle sûre ; outre qu'il α Ecusson déclive postérieurement, deux fois environ aussi large à la base que long sur son milieu. Ailes nulles. Partie antéro-médiaire du premier arceau ventral tronqué (s. g. *Blapstinus*).

1. **B. puncticeps.**

Oblong ; d'un noir mat. Antennes noires ou brunes, graduellement d'un brun rouge ou d'un fauve testacé. Prothorax élargi en ligne courbe jusqu'aux deux cinquièmes, puis subparallèle ou à peine élargi en ligne droite ; rayé d'une ligne au-devant de la base ; obtusément arqué sur les trois cinquièmes médiaires de sa base ; superficiellement pointillé. Elytres à stries très⁻ étroites, légères, marquées de points les débordant sensiblement : les septième et huitième non avancées jusqu'à la base. Intervalles impointillés ; planiuscules. Antépectus ridé. Prosternum à trois ou cinq légers sillons.

♂ Cuisses antérieures robustes ; arquées sur leur tranche antérieure ; plus grosses que les autres ; inermes. Tibias postérieurs droits : les antérieurs sensiblement arqués ; subgraduellement ou un peu inégalement élargis de la base à l'extrémité, grèles dans leurs deux cinquièmes basilaires : les intermédiaires, un peu arqués, faiblement et régulièrement élargis depuis la base jusqu'à l'extrémité. Trois premiers articles des tarses antérieurs dilatés (les deuxième et troisième surtout) les mêmes articles des tarses intermédiaires faiblement dilatés. Dernier arceau du ventre un peu déprimé transversalement sur sa seconde moitié.

♀ Inconnue.

Long. 0ᵐ,0067 à 0ᵐ,0072 (3 l. à 3 l. 1/4). — Larg. 0ᵐ,0033 (1 l. 1/2).

Corps oblong ; longitudinalement arqué ; glabre ; d'un noir mat ou peu luisant. *Tête* pointillée ; moins finement sur l'épistome que sur le front. *Labre* d'un noir brun. *Palpes. maxillaires* bruns, d'un brun rouge ou d'un rouge brunâtre.

est difficile, après la mort de l'insecte, d'essayer de soulever les élytres pour constater si les étuis cachent ou non des ailes, les organes du vol, comme chez divers Opatrides, se montrent être plus ou moins développés suivant les circonstances.

Antennes prolongées jusqu'aux trois quarts ou un peu plus
des côtés du prothorax ; garnies de poils courts ; d'un brun
noir, ou brunes à la base, graduellement moins obscures ou
plus clairs, avec les trois derniers articles d'un rouge ou
fauve testacé : le troisième, une fois environ plus long que
large : le quatrième d'un quart plus long que large : les cinquième à septième aussi longs que larges : les huitième à
onzième subcomprimés : les huitième à dixième, cupiformes,
plus larges que longs : le onzième suborbiculaire. *Prothorax*
échancré en arc obtus, en devant ; élargi en ligne courbe
jusqu'aux deux cinquièmes, subparallèle ou à peine élargi
ensuite ; bissinué à la base, avec les trois cinquièmes médiaires arqués en arrière et aussi prolongés que les angles,
et le bord interne des angles postérieurs en ligne presque
droite ; muni d'un rebord latéral très-étroit sur les côtés et à
la base ; de deux tiers plus large à la base que long sur son
milieu ; médiocrement convexe ; superficiellement et peu
densement pointillé. *Ecusson* en triangle, deux fois à peine
aussi large à la base qu'il est long sur son milieu ; déclive
postérieurement. *Elytres* au moins aussi larges à la base que
le prothorax à ses angles postérieurs ; deux fois et demie à
trois fois aussi longues que lui ; subparallèles ou à peine
élargies jusqu'à la moitié, en ogive postérieurement, à partir
des trois cinquièmes ; rebordées latéralement ; longitudinalement arquées, convexement déclives sur le tiers postérieur
de leur longueur ; à stries très-étroites, légères, marquées
de points qui les débordent sensiblement (environ trente sur
la quatrième) : les six premières avancées jusqu'à la base :
les septième et huitième non avancées jusqu'à elles et ordinairement unies en devant : la septième dans la direction de
l'angle huméral : les quatrième et cinquième postérieurement
plus courtes, unies et encloses par les voisines. *Intervalles*
planiuscules ; indistinctement pointillés : le cinquième aboutissant au point le plus avancé de la sinuosité basilaire du
prothorax : les septième à neuvième incomplétement séparés

en devant : le troisième postérieurement uni au septième : le quatrième au sixième : le cinquième plus court, prolongé jusqu'aux deux tiers ou un peu plus. *Repli* imponctué. *Dessous du corps* noir ; glabre ; ridé finement sur les côtés de l'antépectus ; ponctué sur la partie médiaire du même segment ; imponctué sur les postépisternums, pointillé et légèrement ridé sur le ventre. *Prosternum* en fer de lance ; rayé de trois ou de cinq lignes ou légers sillons. *Pieds* assez grêles ; noirs, avec la partie postérieure des tibias et des tarses paraissant moins obscurs ; ponctués sur les cuisses et les tibias ; garnis sur les tibias et les tarses de poils subspinosules courts et obscurs. *Cuisses* antérieures plus grosses. *Tarses* postérieurs à premier article aussi longs que les deux suivants réunis, au moins aussi long que le dernier.

Patrie : Cuba (collect. Chevrolat).

Obs. Cette espèce se distingue du *striatulus* par sa taille un peu plus faible ; par son corps régulièrement arqué ; par son prothorax presque parallèle ou faiblement élargi en ligne droite sur les trois cinquièmes postérieurs de ses côtés ; à sinuosités plus anguleuses ; par le côté interne des angles postérieurs presque en ligne droite ; par l'écusson moins large ; par les stries des élytres marquées de points moins petits et moins nombreux ; par les sillons de son prosternum.

2. **B. striatulus.**

Oblong ; d'un noir mat. Antennes brunes, graduellement d'un brun ou fauve testacé. Prothorax médiocrement arqué sur les côtés, offrant vers la moitié de ceux-ci ou un peu après sa plus grande largeur ; rayé d'une ligne au-devant des sinuosités basilaires ; obtusément tronqué au-devant de l'écusson ; pointillé. Élytres à stries très-étroites, légères, marquées de points les débordant à peine : les sixième et suivantes non avancées jusqu'à la base. Intervalles impointillés ; presque plans : les sixième à huitième aboutissant à la base et non séparés près de celle-ci. Prosternum chargé d'une côte médiane en partie sillonnée. Antépectus ridé. Ventre finement ponctué et rugulosule.

♂ Inconnu.

♀ Cuisses antérieures robustes ; arquées sur leur tranche antérieure ; plus grosses que les autres ; inermes. Tibias presque droits : les antérieurs subcomprimés et un peu triangulairement élargis de la base à l'extrémité : les autres moins robustes et moins comprimés, moins sensiblement élargis. Tarses antérieurs à peine dilatés. Ventre convexe : dernier arceau de celui-ci déprimé ou creusé d'une fossette sur sa seconde moitié.

Long. 0^m,0072 à 0^m,0078 (3 l. 1/2 à 3 l. 1/4). — Larg. 0^m,0030 à 0^m,0036 (1 l. 1/3 à 1 l. 2/3).

Corps oblong ; arqué longitudinalement ; glabre ; d'un noir mat. *Tête* marquée de points petits, médiocrement rapprochés sur le front, plus serrés sur l'épistome. *Labre* noir ou brun. *Palpes maxillaires* bruns ou d'un brun fauve. *Antennes* prolongées jusqu'aux deux tiers ou trois quarts des côtés du prothorax ; garnies de poils courts ; brunes à la base, graduellement fauves ou d'un fauve testacé à l'extrémité ; à troisième article une fois environ plus long que large : le quatrième sensiblement plus long que large : les cinquième à septième au moins ou à peu près aussi longs que larges : les huitième à onzième subcomprimés, un peu plus gros : le huitième obconique, au moins aussi long que large : les neuvième et dixième en ovale transverse : le onzième, suborbiculaire ou en ogive à l'extrémité. *Prothorax* échancré en arc en devant ; médiocrement et inégalement arqué sur les côtés, offrant vers le milieu de ceux-ci sa plus grande largeur, faiblement rétréci dans sa seconde moitié ; faiblement bissinué à la base, avec la moitié médiaire de celle-ci à peu près tronquée et pas plus prolongée en arrière que les angles ; de moitié plus large à son bord postérieur qu'il est long sur son milieu ; muni d'un rebord latéral et d'un rebord basilaire également très-étroit ; rayé d'une ligne au-devant de chaque sinuosité basilaire ; à angles postérieurs assez faiblement dirigés en arrière ; peu fortement convexe ;

pointillé sur les côtés, presque impointillé sur le dos. *Ecusson*
en triangle deux fois et quart aussi large que long ; ordinairement déclive à sa partie postérieure et paraissant subtransverse
vu d'arrière en avant. *Elytres* aussi larges en devant que le
prothorax à ses angles postérieurs ; près de trois fois aussi
longues que lui ; à peine obliquement coupées sur les deux
cinquièmes externes de la longueur de chacune ; subparallèles
jusqu'aux trois cinquièmes de leur longueur, rétrécies ensuite
jusqu'à l'angle sutural ; rebordées latéralement ; subconvexement déclives sur le tiers postérieur de leur longueur ; à
stries très-étroites, légères, parfois presque réduites à des
rangées de points les débordant à peine (environ cinquante
sur la quatrième) : ces stries postérieurement plus faibles ou
subobsolètes : les six premières avancées ou à peu près
jusqu'à la base : la septième un peu plus courte : les huitième
et neuvième graduellement plus courtes : la quatrième aboutissant au point le plus avancé de la sinuosité basilaire : la
huitième à peu près dans la direction de l'angle huméral : la
deuxième postérieurement unie à la huitième : la troisième
à la septième : les quatrième à sixième variablement disposées.
Intervalles indistinctement pointillés ; plans ou à peu près :
les sixième à neuvième incomplets en devant : le huitième
dans la direction de l'angle huméral : le deuxième postérieurement uni au huitième : le troisième au septième : le quatrième au sixième en enclosant le cinquième. *Repli* imponctué.
Dessous du corps noir ; luisant ; ridé finement sur les côtés de
l'antépectus, rugueusement ponctué sur la partie médiaire
du même segment ; pointillé superficiellement ou obsolètement sur les autres parties pectorales. *Ventre* garni de rides
longitudinales et obsolètement pointillé sur les trois premiers
arceaux, ponctué sur le dernier. *Postépisternums* à peine
pointillés. *Prosternum* chargé sur son milieu d'une côte médiane, sillonnée sur sa partie antérieure. *Pieds* noirs ; garnis
sur les tibias et sur les tarses de poils subspinosules courts
et obscurs. *Cuisses* antérieures un peu plus grosses. *Tibias*

droits ou presque droits. *Tarses* souvent moins obscurs :
premier article des postérieurs aussi long que les deux suivants réunis, à peine aussi long que le dernier.

Patrie : les Antilles ? (collect. Chevrolat).

3. B. opacus.

*Ovale-oblong ; médiocrement convexe ; glabre ; d'un noir mat. Antennes
noires, avec les trois derniers articles d'un fauve testacé. Prothorax élargi
en ligne faiblement arquée, offrant vers les deux tiers sa plus grande
largeur ; rayé d'une ligne au-devant de chaque sinuosité basilaire ; parcimonieusement pointillé. Elytres ovalaires ; à neuf stries légères surtout en
devant et marquées de points petits et rapprochés : les septième et huitième
non avancées jusqu'à la base. Intervalles plans ; imponctués : les septième
et neuvième non séparés jusqu'à la base. Ailes nulles. Antépectus ridé.*

♂? Trois premiers articles des tarses antérieurs un peu
dilatés.

Long. 0^m,0056 (2 l. 1/2). — Larg. 0^m,0022 (1 l.).

Corps ovale-oblong ; d'un noir mat. *Antennes* prolongées
presque jusqu'aux angles postérieurs du prothorax ; noires ,
avec les trois ou quatre derniers d'un fauve testacé ; à troisième article une fois environ plus long que large : les quatrième à septième à peu près aussi longs que larges : les
neuvième et dixième plus larges que longs : le dernier élargi
jusqu'au tiers, rétréci ensuite en angle. *Prothorax* faiblement
échancré en arc en devant ; d'un cinquième plus large aux
angles postérieurs qu'aux antérieurs ; près d'une fois plus
large à la base que long sur son milieu ; très-étroitement
rebordé sur les côtés ; à peine rayé au-devant de la base d'une
ligne étroite ; plus sensible au-devant de chaque sinuosité.
Écusson en triangle, près de deux fois plus large que long ; à
côtés curvilignes ; à peine déclive postérieurement. *Elytres*
offrant vers la moitié de leur longueur leur plus grande largeur, rétrécies ensuite en ligne courbe jusqu'à l'angle sutu-

ral ; à stries ponctuées légères presque réduites en devant à des rangées striales de points (quarante environ de ces points sur la quatrième) : les septième et huitième unies en devant et non avancées jusqu'à la base. *Ailes* nulles. *Dessous du corps et Pieds* noirs. *Antépectus* ridé finement sur les côtés. *Ventre* pointillé et rugulosule. *Prosternum* à deux sillons.

PATRIE : la Guadeloupe (collect. Perroud).

Obs. Cette espèce se rapproche du *Bl. punctatus*, FAB., mais elle en diffère par son prothorax élargi d'avant en arrière en ligne faiblement arquée ; par ses élytres plus ovalaires ; par les stries marquées de points plus rapprochés ; par son antépectus plus sensiblement ridé sur les côtés ; par ses ailes nulles ou rudimentaires ; par ses pieds entièrement noirs.

αα Ecusson de moitié à peine plus large à la base que long sur son milieu ; peu
   ou pas sensiblement déclive postérieurement. Souvent des ailes (s. g. *Aspidius*).
   β Elytres glabres.

4. B. punctatus ; FABRICIUS.

Ovale-oblong ; médiocrement convexe ; glabre ; d'un noir mat ou peu luisant. Antennes noires, avec les trois derniers articles d'un fauve testacé. Prothorax sensiblement élargi en ligne un peu courbe jusqu'au tiers, et plus faiblement en ligne droite jusqu'aux angles postérieurs ; rayé d'une ligne au-devant, de chaque sinuosité basilaire ; parcimonieusement pointillé. Elytres à neuf stries légères, étroites, marquées de points petits et peu rapprochés : les septième et huitième non avancées jusqu'à la base. Intervalles presque plans, imponctués : les septième à neuvième non séparés jusqu'à la base. Des ailes. Antépectus presque lisse.

♂ Inconnu.

♀ Tarses non dilatés. Ventre convexe.

Blaps punctata FABR. Entom. Syst. t. 1. 1. p. 109. 16. — Id. Syst. Eleuth. t. 1. p. 143 16. — HERBST, Naturs. t. 8. p. 196. 19. — SCHŒNH., Syn. ins. t. 1. p. 146. 21.

Obs. Schœnherr rapporte , mais avec doute , à cette espèce l'insecte représenté pl. 1. fig. 4, a, b, c, dans l'ouvrage de Panzœr : *Faunae Insector Americes borcalis Prodomus*. Cet insecte paraît être un *Opatrinus*, peut-être l'*anthracinus* ou le *mœstus*.

Suivant Schœnherr, Gyllenhal aurait rapporté notre *punctatus* au genre *Opatrum* en le désignant sous le nom de *perforatum*. Il se distingue facilement de tous les Opatres par son repli prolongé jusqu'à l'angle sutural.

Long. 0^m,0056 (2 l. 1/2). — Larg. 0^m,0020 (9 1/0).

Corps ovale-oblong ; médiocrement convexe ; glabre ; d'un noir mat ou peu luisant. *Tête* sans rebord ; peu convexe ; marquée de points peu rapprochés et peu profonds ; densement et imperceptiblement pointillée entre les intervalles de ces points. *Suture frontale* presque en forme de demi-cercle. *Labre* noir ou brun. *Palpes* noirs, avec l'extrémité d'un rouge brun. *Antennes* prolongées environ jusqu'aux trois quarts ou quatre cinquièmes des côtés du prothorax ; garnies de poils courts ; noires ou brunes à la base, avec les trois ou quatre derniers articles d'un rouge flave ou d'un rouge testacé : à troisième article une fois environ aussi long que large : les quatrième et cinquième un peu plus longs que larges : les sixième et septième à peine aussi longs que larges : les huitième à dixième subcomprimés, cupiformes, plus larges que longs : le dixième suborbiculaire. *Prothorax* faiblement échancré en arc, en devant ; sensiblement élargi en ligne un peu courbe jusqu'au tiers de ses côtés, et plus faiblement ensuite en ligne droite jusqu'aux angles postérieurs ; bissinué à la base, avec la moitié médiaire de celle-ci médiocrement arquée en arrière et aussi prolongée que les angles ; une fois environ plus large à son bord postérieur qu'il est long sur son milieu ; très-étroitement rebordé sur les côtés et surtout à la base ; rayé au devant des sinuosités basilaires d'une courte ligne transverse, laissant paraître plus prononcé dans ce point le rebord de la base ; médiocrement convexe ; parcimonieu-

sement pointillé ; d'un noir peu luisant . *Ecusson* en triangle
subéquilatéral , à côtés un peu curvilignes ; de moitié plus
long que large ; à peine déclive postérieurement ; noir ; parcimonieusement pointillé. *Elytres* à peine plus larges en devant que le prothorax à ses angles postérieurs ; deux fois et
demie aussi longues que lui ; un peu obliquement coupées sur
le tiers externe de leur base ; à angle huméral assez prononcé
et un peu plus ouvert que l'angle droit ; faiblement élargies
en ligne peu courbe jusqu'aux quatre septièmes de la longueur , rétrécies ensuite en ligne courbe à partir de ce point
jusqu'à l'angle sutural ; rebordées latéralement ; médiocrement convexes ; d'un noir mat ou peu luisant ; à neuf stries
étroites, peu profondes, marquées de petits points, les débordant à peine, peu rapprochés les uns des autres (environ
vingt-quatre sur la quatrième) : les six premières stries avancées à peu près jusqu'à la base : les septième et huitième
plus courtes : la première postérieurement liée à la neuvième :
la troisième à la sixième : les quatrième et cinquième plus
courtes , encloses par le troisième et sixième : la huitième
à peine moins courte que les quatrième et cinquième : la
septième presque liée à la deuxième : la troisième correspondant presque au point le plus avancé de la sinuosité basilaire du prothorax. *Intervalles* presque plans ; larges ; imponctués : les septième, huitième et neuvième non séparés
jusqu'à la base. *Repli* imponctué. *Ailes* existantes. *Dessous du
corps* peu luisant ; noir, ou d'un noir brunâtre ; lisse ou à peu
près sur les côtés de l'antépectus ; finement ponctué sur le
reste ; offrant de très-légères rides longitudinales sur les trois
premiers arceaux du ventre. *Prosternum* en fer de lance,
rayé de deux lignes longitudinales légères , raccourcies à
leurs extrémités. *Pieds* noirs ou d'un noir brunâtre, avec les
tarses antérieurs d'un brun rougeâtre ; les autres plus obscurs ;
peu garnis de poils fins ; pointillés sur les cuisses, aspèrement
ponctués sur les tibias. *Cuisses* antérieures à peine plus
grosses, faiblement renflées dans leur milieu. *Tibias* anté-

rieurs comprimés ; graduellement élargis depuis la base jusqu'à l'extrémité. *Tarses* grèles : premier article des postérieurs un peu moins long que les deux suivants réunis, un peu moins long que le dernier.

PATRIE : les iles de l'Amérique. (Muséum de Copenhague, type de la collection de Smidt, décrit par Fabricius).

Obs. Nous avons vu dans la collection de M. Perroud un Blapst. ayant le prothorax moins subparallèle ou un peu plus sensiblement élargi sur ses deux cinquièmes postérieurs ; les stries des élytres un peu moins faibles ; les quatrième et cinquième un peu moins prolongées postérieurement : les tarses noirs. Mais probablement cet individu qui semblerait de prime abord constituer une espèce particulière (*B. anxius*), n'en est qu'une variété.

ββ Elytres garnies de poils plus ou moins fins.

5. B. pulverulentus ; MANNERHEIM.

Oblong ou suballongé ; médiocrement convexe ; noir ; garni de poils fins. Tête et Prothorax assez densement ponctués. Epistome entaillé en angle très-ouvert. Prothorax médiocrement arqué sur les côtés ; à peine rebordé ; bissubsinué à la base ; à angles postérieurs un peu dirigés en arrière et à peine plus ouverts que l'angle droit ; de moitié plus large que long. Ecusson en triangle à côtés curvilignes. Elytres à stries ponctuées assez faibles : la juxta-suturale plus prononcée : les septième et huitième non avancées jusqu'à la base : la quatrième correspondant à la sinuosité prothoracique. Intervalles plans ; finement ponctués. Pieds d'un rouge brun. Antépectus ridé. Prosternum ponctué et unisillonné.

Blapstinus pulverulentus (ESCHSCHOLTZ) (DEJEAN), Catal. (1837), p. 213. — MANNERHEIM. *In* Bullet. de la Soc. imp. des natur. de Mosc. (1843), p. 276. 234.

Long. 0^m,0056 à 0^m,0067 (2 l. 1/2 à 3 l.). — Larg. 0^m,0019 à 0^m,0025 (8/9 de l. à 1 l. 1/8).

Corps oblong ou suballongé ; médiocrement convexe ; noir ; garni de poils obscurs, fins, couchés, peu épais. *Tête* sub-

convexe; assez densement ponctuée. *Epistome* entaillé en angle
très-ouvert. *Labre* court. *Palpes* noirs. *Antennes* de même
couleur ; prolongées environ jusqu'aux angles postérieurs du
prothorax; garnies de poils courts; à troisième article une
fois plus long que large : le quatrième d'un quart plus long
que large : les cinquième, sixième et septième à peine plus
longs que larges : les quatre derniers subcomprimés : les
huitième à dixième, cupiformes ou semi-orbiculaires, plus
larges que longues : le onzième un peu plus long que large,
rétréci depuis le tiers jusqu'à l'extrémité, plus ou moins
obtus ou tronqué à celle-ci. *Prothorax* échancré en arc à son
bord antérieur ; médiocrement arqué sur les côtés, plus faiblement rétréci dans sa seconde moitié que dans la première;
bissubsinué à la base, avec les angles postérieurs un peu
dirigés en arrière et les deux tiers médiaires obtusément arqués et au moins aussi prolongés en arrière dans leur milieu
que les angles : ceux-ci presque rectangulairement ouverts,
ou à peine plus ouverts que l'angle droit ; de moitié plus
large à la base qu'il est long sur son milieu ; à peine rebordé
sur les côtés et à la base ; médiocrement convexe ; noir ;
couvert comme la tête de points assez serrés, donnant chacun
naissance à un poil. *Ecusson* presque en demi-cercle, ou en
triangle à côtés curvilignes; noir; ponctué; pubescent.
Elytres aussi larges ou à peine plus larges en devant que
le prothorax à ses angles postérieurs ; deux fois et demie
aussi longues que lui ; un peu obliquement coupées sur le
tiers ou les deux cinquièmes externes de chacune ; subparallèles jusqu'aux trois cinquièmes de leur longueur, rétrécies
ensuite en ligne un peu courbe jusqu'à l'angle sutural ; munies latéralement d'un rebord étroit; longitudinalement
presque planes sur le dos jusqu'aux deux tiers, convexement
déclives postérieurement; médiocrement convexes; offrant
chacune neuf stries ponctuées (environ quarante-cinq points
sur la quatrième) : ces stries, presque réduites en devant à
des rangées striales de points : la juxta-suturale moins légère :

les six premières aboutissant à peu près à la base : le quatrième correspondant au point le plus avancé de la sinuosité basilaire du prothorax : les septième et huitième, non avancées jusqu'à la base : les quatrième et cinquième postérieurement unies, plus courtes et encloses par les voisines. *Intervalles* plans (le premier un peu plus large); marqués de petits points irrégulièrement disposés au nombre de deux ou trois sur la largeur de chaque intervalle ; garnis de poils peu nombreux, fins et couchés. *Repli* pointillé. *Dessous du corps* noir ; garni de poils fins ; ridé sur les côtés de l'antépectus, assez fortement ponctué sur le milieu de celui-ci ; plus finement ponctué sur le reste de la poitrine et sur le ventre. *Prosternum* en fer de lance ; longitudinalement un peu arqué ; ponctué ; sillonné sur son milieu. *Postépisternums* parallèles ; trois ou quatre fois aussi longs que larges. *Pieds* d'un brun rouge ou d'un rouge brun ; pointillés ; garnis de poils fins : cuisses antérieures plus grosses, arquées en devant : tibias médiocrement ou assez faiblement élargis depuis la base jusqu'à l'extrémité : les antérieurs un peu plus comprimés, à peine plus larges à leur extrémité que les deux septièmes de leur longueur. *Tarses* grêles; garnis en dessous de poils spinosules : premier article des postérieurs aussi long que les deux suivants réunis : le dernier plus long que le premier.

Patrie : la Californie (collect. Chevrolat, exemplaire envoyé par M. le comte Mannerheim ; Leconte).

A cette division, nombreuse en espèces, appartiennent les suivantes :

Bl. brevicollis, Leconte, Descript. etc *in Annales* of the Lyceum of Natur Histor. of. New-York, t. 5. p. 147. 4.

Bl. pubescens, Leconte, Loc. cit. p. 147. 5.

Obs. L'épithète de *pubescens* ayant été donnée antérieurement à une autre espèce de Blapstinaire, nous appliquerons à celle-ci le nom de Lecontii.

Bl. interstitialis (Chevrolat). etc. etc.

a a Partie antéro-médiaire du premier arceau ventral en ogive étroite en devant.

6. B. luridus.

Oblong ; très-médiocrement convexe ; paraissant glabre ; d'un noir brun cuivreux, ou d'un brun tirant sur le cuivreux, en dessus. Prothorax élargi en ligne courbe jusqu'au deux cinquièmes, puis en ligne droite ; bissinué et rebordé à la base, un peu déprimé au-devant de chaque sinuosité ; finement ponctué. Elytres à stries légères et ponctuées : les trois ou quatre premières en partie interrompues : les autres presque réduites à des rangées de points : les septième et huitième non avancées jusqu'à la base. Intervalles presque plans ; pointillés. Antépectus ridé. Prosternum unisillonné. Partie antéro-médiaire du premier arceau ventral, étroite, en ogive. Tibias antérieurs comprimés.

♂ Trois premiers articles des tarses antérieurs et intermédiaires dilatés. Ventre déprimé longitudinalement sur son milieu.

♂ Tarses non dilatés. Ventre convexe.

Blapstinus luridus (CHEVROLAT).

Long. 0^m,0078 (7 l. 1/2). — Larg. 0^m,0059 (2 l. 2/3).

Corps oblong ; très-médiocrement convexe ; paraissant glabre ; d'un brun ou brun noir cuivreux, en dessus. *Tête* marquée de points moins petits et moins rapprochés sur le front que sur l'épistome : celui-ci entaillé en angle à peu près droit. *Labre* non échancré. *Palpes* d'un brun noir ou brun cuivreux. *Antennes* prolongées jusqu'aux trois quarts des côtés du prothorax ; peu garnies de poils ; d'un noir brun, avec le dernier article parfois en partie moins obscur : le deuxième de moitié aussi long que le suivant : le troisième de moitié plus long que large : les quatrième à septième au moins aussi longs que larges : les huitième à onzième subcomprimés, plus gros : le huitième obtriangulaire, aussi long que large : les neuvième et dixième, cupiformes : le onzième en ogive obtuse ou tronquée à partir du tiers de sa longueur. *Prothorax* élargi

en ligne courbe jusqu'au cinquième de sa longueur, puis en
ligne droite jusqu'aux angles postérieurs ; bissinué à la base ;
avec la moitié médiaire arquée en arrière et les angles postérieurs dirigés en arrière ; à peine rebordé sur les côtés, muni
d'un rebord plus apparent à la base ; de trois quarts plus large
à celle-ci qu'aux angles de devant ; médiocrement convexe ;
assez finement et peu densement ponctué, surtout sur le dos ;
légèrement déprimé au-devant de chaque sinuosité basilaire ;
d'un noir brun cuivreux luisant ; garni de quelques poils fins,
courts et indistincts. *Ecusson* en triangle à côtés un peu
curvilignes ; de moitié plus large à la base que long sur
son milieu ; pointillé ; d'un noir brun cuivreux. *Elytres* un
peu plus larges en devant que le prothorax à ses angles postérieurs ; près de trois fois aussi longues que lui ; arquées chacune à la base ; à angle huméral prononcé et plus ouvert que
l'angle droit, c'est-à-dire obliquement coupées sur les trois
septièmes externes de la base ; subparallèles jusqu'aux deux
tiers, en ogive postérieurement ; munies d'un rebord latéral ;
très-médiocrement convexe ; d'un noir brun cuivreux ; paraissant glabres ; garnies de quelques poils courts et peu ou
point distincts ; à stries légères et marquées de points assez
petits (trente à quarante sur la quatrième), presque réduites,
sur les quatrième à huitième, à des rangées striales de points :
ces stries en partie interrompues, surtout sur les trois ou
quatre premières : les septième et huitième non avancées
jusqu'à la base : les quatrième et cinquième postérieurement
plus courtes. *Intervalles* peu densement pointillés ; presque
plans : les troisième et cinquième obtusément et légèrement
en toit. *Repli* rugulosule. *Dessous du corps* d'un brun noir,
légèrement bronzé ou cuivreux ; finement ridé sur les côtés
de l'antépectus, râpeux sur le milieu du même segment ;
ponctué et ruguleux sur les premiers arceaux du ventre.
Prosternum ponctué et sillonné. *Partie antéro-médiaire* du
premier arceau ventral graduellement rétrécie d'arrière en
avant, en ogive en devant, moins large que le bord antérieur

du métasternum. *Pieds* bruns, d'un brun tirant sur le cuivreux ou sur le rougeâtre. *Cuisses* ponctuées ou pointillées :
les antérieures un peu plus grosses. *Tibias* râpeux ou spinosules : les antérieurs, droits; comprimés; graduellement
élargis, à peine aussi larges à l'extrémité que le tiers de leur
longueur.

Patrie : les environs de New-Yorck (Chevrolat).

Genre *Lodinus*, Lodin.

Caractères. *Antennes* plus grosses à partir du huitième
article : le premier de moitié au moins plus long que large :
le deuxième de moitié au moins aussi long que le premier :
le quatrième plus long que large. *Epistome* entaillé en angle
très-ouvert. *Prothorax* plus large que long ; faiblement arqué
en arrière, et peu ou point sensiblement bissubsinué à la
base; à angles postérieurs à peu près rectangulairement ouverts. *Ecusson* en triangle de moitié plus large à la base que
long sur son milieu. *Elytres* au moins aussi larges en devant
que le prothorax à sa base ; à septième et huitième stries ou
rangées striales de points, non avancées jusqu'à la base.
Partie antéro-médiaire du premier arceau ventral de moitié
à peine aussi large que le bord postérieur du mésosternum.
Tibias antérieurs droits, comprimés, graduellement élargis.

Obs. Ce genre s'éloigne des véritables *Blapstinus* par l'é-
chancrure de son épistome ; par la partie antéro-médiaire du
premier arceau ventral rétrécie d'arrière en avant en angle
tronqué, et très-étroit à sa partie antérieure; et surtout par
son prothorax peu ou point sensiblement bissinué à la base,
et faiblement arqué en arrière sur toute sa largeur, à celle-ci.
Il semble, par là, faire la transition avec la coupe suivante :

1. L. nigro-æneus.

*Oblong; subparallèle; médiocrement convexe; d'un noir ou noir brun
bronzé : premier article des antennes ordinairement d'un brun rouge. Tête*

*et Prothorax finement ponctués. Celui-ci élargi en ligne en majeure partie
à peine courbe; en ligne faiblement arquée en arrière, et peu ou point sensiblement bissubsinué à la base; de moitié plus large que long. Elytres à stries
moins légères postérieurement; marquées de points petits et rapprochés : les
septième et huitième, non avancées jusqu'à la base. Intervalles presque plans;
pointillés. Antépectus superficiellement ridé. Prosternum rayé de trois lignes. Pieds bruns. Tibias antérieurs comprimés.*

♂ Trois premiers articles des tarses antérieurs dilatés et
garnis en dessous de poils soyeux , d'un fauve testacé : les
mêmes articles des tarses intermédiaires plus faiblement dilatés. Ventre déprimé longitudinalement.

♀ Trois premiers articles des tarses antérieurs peu ou point
sensiblement dilatés. Ventre convexe.

Blapstinus punctulatus (Dejean) Catal. (1837), p. 213. — Solier, Histor. fisic. y
polit. de Chile par Claud. Gay, Zoolog. t. 5, p. 233. 1. Atlas zool. (Entomol. Coléopt.), pl. 20, fig. 4. *(typo).*

Long. 0ᵐ,0056 à 0ᵐ0059 (21. 1/2 à 2 3/4). — Larg. 0ᵐ,0022 à 0ᵐ. 0025
(1 l. à 1 l. 1/8).

Corps oblong; subparallèle; médiocrement convexe; paraissant glabre; d'un noir bronzé ou d'un noir brun bronzé,
luisant, en dessus. *Tête* finement ponctuée; d'un noir bronzé.
Epistome entaillé en angle très-ouvert ou presque en arc dirigé en arrière. *Labre* court; non échancré; d'un noir bronzé.
Antennes prolongées presque jusqu'aux angles postérieurs du
prothorax; garnies de poils peu épais; à premier article ordinairement d'un rouge testacé : les autres le plus souvent
d'un noir bronzé, parfois en partie d'une teinte moins obscure :
à deuxième article de moitié au moins aussi long que le troisième : celui-ci de moitié plus long que large : le quatrième
un peu plus long que large : les cinquième, sixième et septième à peine aussi longs que larges : les huitième à onzième
subcomprimés, plus gros : les huitième à dixième plus larges
que longs : le huitième obtriangulaire : les neuvième et dixième
semi-orbiculaires ou cupiformes : le onzième, plus long que
large, rétréci à partir du tiers de sa longueur en angle obtus ou

tronqué à l'extrémité. *Prothorax* faiblement échancré en arc, endevant ; élargi médiocrement en une ligne d'abord un peu courbe, puis en ligne presque droite jusqu'aux angles postérieurs, qui sont rectangulairement ouverts et à peine dirigés en arrière; presque tronqué ou plutôt faiblement en arc dirigé en arrière et peu ou point sensiblement bissubsinué à la base; muni à celle-ci et sur les côtés d'un rebord très-étroit; de moitié au moins plus large à son bord postérieur qu'il est long sur son milieu; médiocrement convexe; d'un noir bronzé ; marqué de points assez petits séparés par un espace plus grand que leur diamètre. *Ecusson* en triangle à côtés curvilignes; de moitié plus large à la base que long sur son milieu; d'un noir bronzé; ponctué. *Elytres* à peine plus larges en devant que le prothorax à ses angles postérieurs ; trois fois environ aussi longues que lui; en ligne presque droite à sa base ; subparallèles jusqu'aux deux tiers ; subarrondies postéricurement; rebordées latéralement d'un noir bronzé, d'un noir brun ou d'un brun noir bronzé; peu convexes sur le dos, convexement déclives sur les côtés ; à neuf stries plus légères antérieurement, marquées de points les débordant un peu et séparés longitudinalement les uns des autres, par un espace souvent à peine plus grand que leur diamètre (environ quarante-cinq à cinquante-cinq sur la quatrième): les septième et huitième non avancées jusqu'à la base et ordinairement unies en devant : les quatrième et cinquième postérieurement plus courtes et encloses par les voisines. *Intervalles* presque plans (les troisième et cinquième obtusément et légèrement en toit) ; peu densement marqués de points petits et parfois presque superficiels et donnant, à une très forte loupe, naissance à quelques poils très courts et indistincts : le premier le plus large en devant, rétréci d'avant en arrière. *Repli* imponctué. *Dessous du corps* d'un noir ou brun bronzé ; très-finement et superficiellement ridé sur les côtés de l'antépectus, râpeusement ponctué sur le milieu du même segment : ponctué et marqué de légères rides longitudinales sur le ventre. *Prosternum* rayé de trois lignes souvent peu distinctes. *Partie antéro-médiaire* du premier arceau ventral étroite, tronquée ou presque en angle tronqué, de moitié à peine aussi large que le bord postérieur du métasternum. *Pieds* bruns, parfois d'un brun rouge ; garnis de poils courts et fins. *Cuisses* pointillées : les antérieures un peu plus grosses, un peu renflées. *Tibias* râpeux : les antérieurs droits, comprimés , graduellement élargis depuis la base jusqu'à l'extrémité, à peine plus larges à celle-ci que le tiers de leur longueur. *Tarses* postérieurs à premier article aussi long que les deux suivants réunis, à peine aussi long que le dernier.

PATRIE : Buenos-Ayres (Chevrolat) ; le Chili (Chevrolat, Gay et Solier (*type*).

Obs. Le nom de *punctulatus* donné par Dejean ayant été appliqué à une espèce d'un groupe voisin, nous avons été obligé de lui en substituer un autre.

TROISIÈME BRANCHE.

CONIBIAIRES.

CARACTÈRES. *Antennes* épaisses ; grossissant à partir du cinquième article : le troisième d'un sixième à peine plus long que large : les quatrième à dixième plus larges que longs. *Prothorax* arqué en arrière et peu ou point sensiblement bissinué à la base ; à angles postérieurs plus ouverts que l'angle droit. *Elytres* au moins aussi larges en devant que le prothorax à son bord postérieur ; à septième et huitième stries ou rangées striales de points non avancés jusqu'à la base. *Menton* un peu plus long que large ; arqué sur les côtés, à peine plus large en devant qu'à la base. *Partie antéro-médiaire* du premier arceau ventral en pointe ou en ogive étroite.

Obs. Les caractères tirés des antennes distinguent les insectes de cette branche de toutes les autres.

Elle est réduite au genre suivant :

Genre *Conibius*, CONIBIE; Leconte (1).

Ajoutez aux caractères précédents :

Antennes épaisses ; de longueur médiocre. *Epistome* entaillé en angle très-ouvert. *Yeux* coupés et enclos sur les côtés de la tête : celle-ci plus large que longue ; enfoncée dans le prothorax jusqu'au bord postérieur des yeux. *Prothorax* plus large que long. *Ecusson* deux fois environ aussi large à sa base que long sur son milieu. *Elytres* au moins aussi larges en devant que le prothorax à ses angles postérieurs. *Palpes maxillaires* à dernier article obtriangulaire ou sécuriforme. *Menton* à peine élargi d'arrière en avant ; tronqué en devant ; un peu plus large que long ; à surface plane. *Partie antéro-médiaire* du premier arceau ventral en ogive étroite ou en pointe, déclive en devant. *Tibias antérieurs* comprimés ; médiocrement élargis d'arrière en avant.

Obs. Les insectes de ce genre se rapprochent de ceux du précédent par la manière dont l'épistome est entaillé ; par le prothorax arqué en arrière et peu ou sensiblement bissinué à la base ; par la forme de sa partie antéro-médiaire ; mais ils s'éloignent de tous ceux de cette tribu par la configuration du menton et surtout par celle des antennes.

1. **C. seriatus** ; LECONTE.

Oblong ; subparallèle ; médiocrement convexe ; noir, avec la tête et le prothorax bruns ou d'un brun rouge, et les pieds de cette dernière couleur. Prothorax faiblement arqué sur les côtés, offrant vers les deux cinquièmes sa plus grande largeur ; à peine plus large en arrière qu'en devant ; étroitement rebordé ; plus large que long ; arqué en arrière à la base et sinué près des angles ; ponctué. Ecusson deux fois au moins aussi long que large. Elytres parallèles jusqu'aux deux tiers, arrondies postérieurement ; à stries pointillées, affaiblies en devant : les septième et huitième non avancées jusqu'à la base. Intervalles subconvexes postérieurement ; pointillés. Antépectus superficiellement ridé.

(1) Annals of the Lyceum of natural History of New-York, t. 5, 1851, p. 145.

♂ Trois premiers articles antérieurs des tarses dilatés, surtout les deuxième et troisième.

Conibius seriatus, Leconte, Descript. of new Species of Coleopt. from California , *in*
Annals of the Lyceum of natur. Histor. of New-York, t. 5 (1851), p. 146. 1. (*type*).

Long. 0ᵐ,0045 (2 l.). — Larg. 0ᵐ,0015 (2/3 l.).

Corps oblong; médiocrement convexe; glabre; luisant.
Tête près d'une fois plus large que longue; assez densement
et un peu ruguleusement ponctuée; d'un brun rouge : suture
frontale presque en demi-hexagone ou en arc obtus et dirigé
en arrière. *Epistome* entaillé en devant, d'un brun rouge.
Labre court. *Palpes* bruns ou d'un brun rouge. *Antennes*
prolongées jusqu'aux deux tiers ou trois quarts des côtés du
prothorax; épaisses; brunes ou d'un brun noir; à troisième
article d'un sixième à peine plus long que large : les quatrième à dixième plus larges que longs : les quatre derniers plus
gros : le onzième au moins aussi long que large. *Prothorax*
obtusément ou presque bissinueusement échancré en devant;
faiblement arqué sur les côtés, offrant vers les deux cinquièmes de ceux-ci sa plus grande largeur; à peine plus large
aux angles postérieurs qu'à ceux de devant; arqué en arrière
à la base, avec une assez faible sinuosité près des angles postérieurs : ceux-ci plus ouverts que l'angle droit; étroitement
rebordé sur les côtés et à la base; d'un quart ou d'un tiers plus
large à cette dernière qu'il est long sur son milieu; médiocrement convexe; brun ou d'un brun rouge; uniformément et assez
densement ponctué. *Ecusson* en triangle à côtés curvilignes;
plus de deux fois aussi large à sa base qu'il est long sur son
milieu; noir; ponctué. *Elytres* à peu près aussi larges en devant que le prothorax aux angles postérieurs; deux fois et
quart aussi longues que lui; subparallèles jusqu'aux deux
tiers; subarrondies à l'extrémité; munies latéralement d'un
rebord étroit; médiocrement convexes; noires; à neuf stries
affaiblies en devant, marquées de points assez faiblement moins
petits que ceux des intervalles (plus de trente sur la quatriè-

me) : les septième et huitième non ou à peine avancées jusqu'à la base : la cinquième dans la direction du point le plus avancé de la sinuosité basilaire du prothorax. *Intervalles* pointillés ; planiuscules en devant, subconvexes postérieurement : le cinquième plus court postérieurement prolongé à peine jusqu'aux trois quarts des étuis, enclos par les quatrième et sixième. *Repli* presque impointillé. *Dessous du corps* noir ; superficiellement ridé sur les côtés de l'antépectus, finement ponctué sur le ventre ; creusé d'une fossette à la partie antéro-médiaire du premier arceau ventral. *Pieds* d'un brun rouge ou d'un rouge brun : cuisses antérieures un peu plus grosses ; finement ponctuées. *Tibias* droits ; râpeux : les antérieurs plus comprimés, plus sensiblement élargis depuis la base jusqu'à l'extrémité ; denticulés et un peu arqués (au moins chez le ♂) sur leur tranche externe, aussi large environ à leur extrémité que les deux cinquièmes de leur longueur.

PATRIE : la Californie (collect. Leconte (*type*).

Obs. Dans l'exemplaire que nous avons eu sous les yeux, la tête et le prothorax étaient d'un brun rouge ; peut-être sont-ils souvent plus foncés ou noirs.

Le genre *Phœnerops* indiqué par Solier, dans la Faune du Chili, comme appartenant aux *Blapstinoïdes* est étranger à notre famille des Parvilabes. Le genre *Critops* du même auteur, placé dans la même division, appartient à nos DIAPERIDES.

NOTES

RELATIVES A LA CLASSIFICATION

DES TÉNÉBRIONIENS D'EUROPE

(Insectes coléoptères latigènes)

par

E. MULSANT et Cl. REY.

———

Feu le comte Dejean avait signalé dans le catalogue des Coléoptères de sa collection (1) sous les noms d'*Anthracias* et de *Iphthinus*, deux coupes génériques admises aujourd'hui par tous les entomologistes, mais dont la diagnose n'a pas été donnée (2); plus une autre, également inédite.

Avant d'indiquer les caractères distinctifs de ces genres, il est utile, pour faire mieux saisir les liens qui les unissent aux autres coupes voisines, de reproduire les caractères du groupe des Ténébrionides, tels qu'ils ont été signalés par l'un de nous (3), en les modifiant dans quelques parties.

TÉNÉBRIONIDES.

CARACTÈRES. *Hanches antérieures* généralement globuleuses, séparées par le prosternum. *Repli* des élytres étroit, n'embrassant pas les côtés de la poitrine et de l'abdomen; à peu près la seule partie des étuis visibles, quand l'insecte est examiné en dessous. *Epistome* peu ou point échancré, laissant le labre à découvert. *Antennes* de longueur médiocre, ou assez courtes;

(1) DEJEAN, catal. (1833) p. 205 et 203. — Id. 1837, p. 227 et 225.

(2) Ce petit mémoire avait été écrit avant l'apparition, dans la *Gazette entomologique* de Stettin, du travail de M. Truqui; mais ce dernier, par la date de sa publication, doit avoir le droit de priorité.

(3) MULSANT, Hist. nat. des Coléopt. de Fr. (*Latigènes*), p. 262.

insérées sous le rebord plus ou moins saillant des joues ; grossissant vers l'extrémité ; de onze articles : le troisième plus grand que le suivant : les quatrième et cinquième obconiques, subglobuleux ou noueux, ordinairement plus longs que larges : les septième à dixième, tantôt presque moniliformes, tantôt comprimés, obtriangulaires ou transverses. *Joues* appuyées contre les yeux, les entamant ou même les coupant ; débordant peu ces organes ou faiblement débordées par eux. *Ecusson* distinct. *Elytres* variablement un peu plus larges en devant que le prothorax à sa base. *Postépisternums* parallèles ou graduellement et assez faiblement rétrécis en ligne droite d'avant en arrière ; cinq ou six fois aussi longs qu'ils sont larges dans leur milieu. *Ventre* à cinq arceaux : les trois premiers presque soudés : le quatrième plus court que le troisième. *Pieds* médiocres : cuisses antérieures souvent renflées : jambes de devant grêles, ordinairement cylindriques ou arquées. *Tarses* filiformes. *Ongles* simples. *Corps* allongé ou suballongé ; en général médiocrement convexe.

Pour rendre plus sensible les rapports qui existent entre les divers insectes de ce groupe, ou montrer les transitions par lesquelles on passe des uns aux autres, nous allons offrir ici le tableau des familles et des genres dont il se compose.

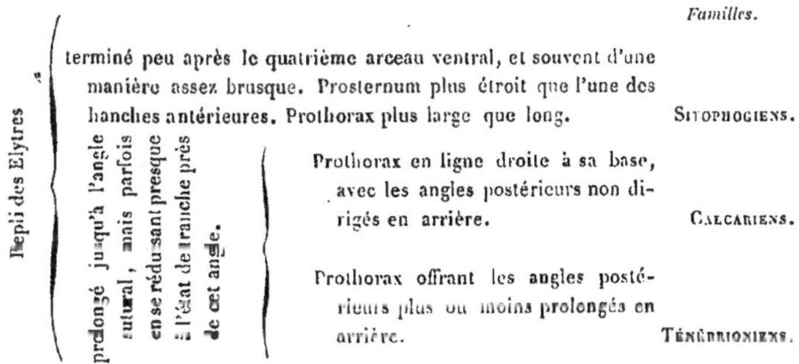

PREMIÈRE FAMILLE.

LES SITOPHOGIENS.

Caractères. *Repli des Elytres* terminé peu après le quatrième arceau ventral, et souvent d'une manière assez brusque. *Prosternum* plus étroit que l'une des hanches antérieures. *Prothorax* plus large que long. *Partie antéro-médiaire* du premier arceau ventral avancée en pointe ou en angle aigu. *Yeux* presque à moitié entamés par les joues.

Genres.

Antennes

prolongées jusqu'au quart des élytres; offrant les sixième à dixième articles anguleux ou presque en losange irrégulier. Yeux offrant sur la tête l'image d'un triangle. Premier article des tarses postérieurs aussi long que le dernier. — *Sitophogus.*

prolongées à peine jusqu'aux angles postérieurs du prothorax; offrant les sixième à dixième articles cupiformes, plus larges que longs. Yeux ovalaires, plus longs que larges. Premier article des tarses postérieurs moins long que le dernier. *Bius.*

DEUXIÈME FAMILLE.

LES CALCARIENS.

Caractères. *Repli des Elytres* prolongé jusqu'à l'angle sutural; mais parfois en se réduisant presque à l'état de tranche, près de cet angle. *Prothorax* en ligne droite à la base, avec les angles non dirigés en arrière; plus long que large.

Genres.

Partie antéro-médiaire du premier arceau ventral

avancée en pointe. Antennes à peine prolongées jusqu'à la moitié des côtés du prothorax; celui-ci en hexagone allongé, offrant vers la moitié de ses côtés sa plus grande largeur. Prosternum beaucoup plus étroit que l'une des hanches de devant. *Boros.*

tronquée en devant. Antennes aussi longuement prolongées que le prothorax : celui-ci presque en parallélogramme. Prosternum presque aussi large que l'une des hanches de devant.

Tête engagée dans le prothorax jusqu'aux yeux. *Centorus.*

Tête non engagée dans le prothorax jusqu'aux yeux. *Ca'car.*

TROISIÈME FAMILLE.

LES TÉNÉBRIONIENS.

CARACTÈRES. *Repli* des Élytres prolongé jusqu'à l'angle sutural, mais parfois en se réduisant presque à l'état de tranche, près de cet angle. *Prothorax* offrant les angles postérieurs plus ou moins dirigés en arrière.

Genres.

Yeux

enclos sur les côtés de la tête par les joues et par les tempes. Trois derniers articles des antennes dilatés et comprimés. Prosternum moins large que l'une des hanches de devant. Partie antéro-médiaire du premier arceau ventral avancée en pointe ou en angle très-aigu. — *Anthracias.*

Prosternum moins large que l'une des hanches de devant. Partie antéro-médiaire avancée en pointe ou en angle très-aigu. Menton plus large que long. — *Tenebrio.*

non enclos sur les côtés de la tête par les joues et les tempes.

Prosternam au moins aussi large que l'une des hanches de devant.

Menton presque en parallélogramme plus large que long, entaillé, non saillant en-déclive en devant. Prothorax plus large que long.

Partie antéro-médiaire du premier arceau ventral avancée en pointe ou en angle très-aigu. Menton paraissant ovalaire au moins aussi long que large. — *Menephilus.*

Yeux coupés par les joues jusqu'aux trois-quarts de leur longueur; offrant sur le front l'image d'un triangle. Angles antérieurs du prothorax avancés presque jusqu'aux yeux. Suture frontale creusée d'un sillon profond. — *Cœlometopus.*

Yeux à peine coupés jusqu'à la moitié par les joues; offrant sur le front l'image d'un ovale transverse. Angles antérieurs du prothorax séparés des yeux par un espace plus grand que le diamètre longitudinal de ces organes. Suture frontale rayée d'un sillon léger ou peu profond. — *Iphthimus.*

Partie antéro-médiaire du premier arceau ventral en ogive ou en arc.

Menton avancé en angle dans le milieu de son bord antérieur, offrant cette partie médiaire déclive ou saillante d'arrière en avant. Prothorax ordinairement plus long que large. — *Upis.*

Genre *Anthracias* (1).

(ἀνθρακιας, noir comme un-charbonnier.)

CARACTÈRES. *Yeux* enclos sur les côtés de la tête par les joues et les tempes. *Tête* plus large que longue. *Suture frontale* transverse ou en demi-hexagone. *Labre* transverse, non voilé par l'épistome. *Mandibules* ne débordant pas le labre, dans l'état de repos. *Palpes maxillaires* à dernier article presque cylindrique, subcomprimé et un peu élargi d'arrière en avant, obliquement tronqué à l'extrémité. *Antennes* médiocres; offrant les sept premiers articles subfiliformes ou obconiques. Les trois derniers au moins dilatés, comprimés, plus longs cha-cun que l'un des quatrième à huitième. *Prothorax* plus large que long; à peine moins large à sa base que les élytres. *Ecusson* en triangle à côtés curvilignes. *Menton* anguleuse-ment avancé dans le milieu de son bord antérieur; offrant de chaque côté de cette partie médiaire une entaille et un angle antéro-latéral peu distincts. *Prosternum* plus étroit que l'une des hanches de devant. *Postépisternums* rétrécis d'avant en arrière. *Partie antéro - médiaire* du *premier arceau ventral* avancée en pointe. *Dernier article des tarses postérieurs* ordinairement moins long que les deux premiers réunis.

Obs. Cette coupe se rapproche du genre *Toxicum*, dont elle s'éloigne par ses yeux enclos et par d'autres caractères.

1. **A. bicornis.**

Corps allongé; subparallèle; médiocrement convexe; d'un noir mat ou peu luisant. Tête densement ponctuée; relevée sur les côtés du front. Epistome aussi court que le labre. Trois derniers des articles des antennes dilatés et comprimés. Pothorax élargi en ligne peu courbe jusqu'au tiers, subparallèle ou à peine élargi ensuite; bissinué et sans rebord à la base; densement ponc-tué. Elytres subparallèles jusqu'aux trois cinquièmes ou un peu plus ; à neuf rangées striales de points assez petits, ou à légères stries ponctuées et posté-

(1) G. *Anthracias* (STEVEN) (DEJEAN). Catal. (1833), p. 205. — Id. (1837), p. 227.

rieurement un peu confuses. Côtés de l'antépectus densement et grossièrement ponctuées.

♂ Front armé de deux cornes relevées, assez longues, situées chacune au côté interne des yeux.

♀ Front simplement relevé de chaque côté, au bord interne des yeux.

Uloma cornuta, Fischer, Entomogr. de la Russie, t. 2, p. 199. 3.

Tenebrio furca (Friwaldsky) (Dej.) Catal. (1833), p. 205. — Id. (1837), p. 227.

Anthracias bicornis (Steven) (Dejean.) Catal. (1833). p. 205. — Id. (1837), p. 227.

Long. 0ᵐ,0112 (5 l.). — Larg. 0ᵐ,0033 à 0,0036 (1 l. 1/2 à 1 l. 2/3).

Corps allongé ; subparallèle ; médiocrement convexe ; d'un noir mat ou peu luisant. *Tête* densement et assez finement ponctuée; relevée de chaque côté du front, au côté interne des yeux; creusée sur la suture frontale d'un sillon transverse ou à peine arqué en arrière ; creusée sur la suture génale d'un sillon uni en angle ouvert avec le précédent. *Épistome* à peine plus développé longitudinalement que le labre; légèrement relevé en devant. *Labre* transverse; obtusément tronqué en devant. *Antennes* prolongées presque jusqu'aux angles postérieurs du prothorax; noires; luisantes sur les premiers articles, d'une couleur mate sur les derniers; le troisième une fois plus long que large ; les quatrième à septième un peu obconiques; les quatrième et cinquième au moins aussi longs que larges; les sixième et septième un peu moins longs que larges; le huitième élargi d'arrière en avant; les trois derniers, comprimés, dilatés, plus longs chacun que l'un des quatrième à huitième; le neuvième un peu plus long que large; le dixième un peu moins large que long; le quatrième un peu plus étroit, arrondi et moins obscur ou d'un brun rougeâtre, en devant au moins aussi long que large. *Prothorax* faiblement échancré en arc en devant; assez faiblement élargi en ligne un peu courbe jusqu'au tiers environ de sa longueur, subparallèle ou à peine élargi ensuite jusqu'à la base; bissinué à celle-ci, avec les angles postérieurs dirigés en arrière, et

les deux cinquièmes médiaires arqués en arrière et au moins
aussi prolongés que les angles; muni latéralement d'un rebord
très-étroit; sans rebord à la base; parfois légèrement relevé
dans le milieu de celle-ci; d'un tiers plus large à celle-ci qu'il
est long sur son milieu; médiocrement convexe; d'un noir
mat; densement et assez fortement ponctué. *Ecusson* en triangle à côtés curvilignes, ou presque en demi-cercle; aussi long
qu'il est large à la base; noir; ponctué. *Elytres* faiblement
plus larges en devant que le prothorax à ses angles postérieurs;
près de quatre fois aussi longues que lui; un peu arquées en
devant chacune à la base; subparallèles ou à peine élargies
jusqu'aux trois cinquièmes ou presque deux tiers de leur longueur, rétrécies ensuite en ligne un peu courbe jusqu'à l'angle
sutural; munies latéralement d'un rebord étroit à peine visible,
quand l'insecte est examiné en dessus; médiocrement convexes; noires; à neuf rangées striales de points, ou à neuf
stries très-légères, marquées de points petits, assez rapprochés longitudinalement; la sixième aboutissant au calus huméral; les septième et huitième après celui-ci; ces stries ou
rangées striales un peu confuses ou peu distinctes postérieurement; offrant près de la suture une strie ou rangée striale
rudimentaire. *Intervalles* plans; pointillés. *Repli* ruguleux,
postérieurement sillonné et souvent à moitié voilé par les
derniers arceaux abdominaux. *Dessous du corps* d'un noir un
peu luisant; densement et grossièrement ponctué sur l'antépectus, moins grossièrement et moins densement sur les
autres parties. *Prosternum* moins large que l'une des hanches
de devant, en ligne courbe à sa partie postérieure, d'une
manière parallèle aux autres. *Mésosternum* rétréci en pointe
obtuse d'avant en arrière. *Postépisternums* un peu rétrécis
d'avant en arrière; six fois aussi longs qu'ils sont larges dans
leur milieu. *Dernier arceau du ventre* transversalement sillonné près de sa base. *Pieds* noirs; ponctués. *Cuisses* antérieures plus grosses, un peu renflées. *Tibias* non comprimés;
faiblement élargis de la base à l'extrémité; garnis vers l'extré-

mité de leur arête inférieure de poils d'un roux testacé; les
antérieurs droits (♀). *Tarses* garnis en dessous de poils semblables ; premier article des postérieurs moins long que les
deux suivants réunis : le dernier presque aussi long que les
trois premiers pris ensemble.

Patrie : La Russie méridionale, la Hongrie.

Genre *Cœlometopus* , Coelometope (1).

(χοῖλος, creux ; μερόπη, intervalle.)

Caractères. *Yeux* aux trois quarts coupés par les joues;
offrant sur le front l'image d'un triangle allongé et un peu
oblique. *Suture frontale* transverse; en demi-hexagone ; creusée d'une fente ou d'un sillon profond. *Palpes maxillaires* à
deuxième article en ovale tronqué. *Antennes* médiocres; offrant
les premiers articles subfiliformes ou obconiques ; les quatre
derniers subcomprimés et dilatés. *Prothorax* plus large que
long ; à peu près avancé jusqu'aux yeux à ses angles antérieurs ; moins large à sa base que les élytres ; à angles postérieurs dirigés en arrière. *Ecusson* petit ; en triangle plus long
que large. *Menton* presque en parallélogramme, plus large
que long, entaillé à son bord antérieur. *Prosternum* plus
large que l'une des hanches de devant. *Postépisternums* subparallèles, un peu dilatés dans le milieu. *Partie antéro-médiaire* du premier arceau ventral obtusément tronquée ou en
arc. *Tibias* garnis de poils soyeux à l'extrémité de leur arête
inférieure ; dernier article des tarses postérieurs moins long
que les trois précédents réunis.

Obs. Voyez la note placée à la fin du genre suivant.

1. **I. clypeatus;** Germar.

*Suballongé ; d'un noir peu luisant. Tête plus large que longue ; non relevée
sur les côtés du front. Suture frontale profondément creusée ; à peine plus*

(1) Ce genre avait été indiqué par Solier dans les cartons du Muséum de Paris ;
mais il n'en a pas indiqué les caractères.

*longue que chaque suture génale. Prothorax offrant vers les trois cin-
quièmes ou un peu plus sa plus grande largeur, sinuément rétréci ensuite;
muni latéralement d'un rebord écrasé et non dentelé; en ligne presque droite
sur les deux tiers médiaires de sa base; finement et densement ponctué.
Elytres offrant vers la moitié de leur longueur leur plus grande largeur.
Prosternum rebordé; rayé de trois lignes longitudinales. Mésosternum largement sillonné. Antépectus légèrement ponctué et ridé.*

♂ Dernier article des antennes tronqué, plus long que
large. Cuisses antérieures un peu sinuées à leur bord antérieur,
près du genoux. Tibias antérieurs à peine plus sensiblement
arqués que chez la ♀ .

♀ Dernier article des antennes obliquement coupé, moins
long que large. Cuisses de devant régulièrement arquées à
leur bord antérieur.

Blaps clypeata (Illiger) German. Neue Insekten, *in* Germar's Magaz. der Entom. t. 1,
1er cahier, p. 122. 10.

Iphthinus clypeatus (Dejean), catal. (1833), p. 204. — Id. (1837), p. 225.

Long. 0^m,0180 à 0^m,0191 (8 l. à 8 l. 1/2). — Larg. 0^m,0061 (2 l. 3/4)
à la base des élytres; 0^m,0090 (4 l.) vers la moitié ou un peu plus
de la longueur de celles-ci.

Corps allongé ou suballongé; peu ou très-médiocrement
convexe; d'un noir peu luisant. *Tête* plus large que longue;
peu penchée; d'un noir peu luisant; finement et assez densement ponctuée; non relevée sur les côtés du front. *Suture
frontale* en demi-hexagone; offrant sa partie transverse ou
postérieure, servant à séparer le front de l'épistome, profondément creusée, à peine plus longue que chacune de celles
qui séparent l'épistome des joues. *Labre* noir; transverse,
faiblement échancré dans le milieu de son bord antérieur.
Antennes prolongées au moins jusqu'à la moitié des côtés du
prothorax; noires; à troisième article une fois environ plus
long que large : les quatrième et cinquième, graduellement
un peu moins longs : le sixième obconique, au moins aussi
long que large : les deuxième à onzième subcomprimés, gros-

sissant graduellement : le septième, obtriangulaire, à peine
aussi long que large : les huitième à dixième transverses, plus
larges que longs : le onzième, au moins aussi long que large,
obliquement coupé de dehors en dedans, à son côté interne
(♀), ou subparallèle, plus long que large, un peu obliquement tronqué, à son bord antérieur. *Prothorax* échancré en
arc en devant ; élargi en ligne peu courbe jusqu'aux trois
cinquièmes ou presque aux deux tiers de ses côtés, sinuément rétréci ensuite jusqu'aux angles postérieurs ; en ligne
à peu près droite ou à peine arquée en devant sur les deux
tiers médiaires de sa base, avec les angles postérieurs dirigés
en arrière ; sans rebord dans le milieu de son bord antérieur,
offrant les faibles traces d'un rebord sur les côtés de ce bord ;
muni latéralement d'un rebord écrasé et graduellement un
peu élargi d'avant en arrière ; muni à la base d'un rebord
écrasé à peu près égal au latéral près des angles postérieurs ;
médiocrement convexe ; d'un noir peu luisant ; uniformément
marqué de points assez petits et rapprochés ; sans traces de
sillon sur la ligne longitudinale médiaire. *Ecusson* petit ; en
triangle subéquilatéral ; noir ; parcimonieusement ponctué.
Elytres plus larges en devant que le prothorax à ses angles
postérieurs (ces angles correspondant environ à la sixième
strie) ; deux fois et demie ou un peu plus aussi longues que
lui ; subarrondies aux épaules et creusées au côté interne
de l'angle huméral d'une fossette destinée à recevoir l'angle
postérieur du prothorax ; émoussées aux épaules ; assez faiblement élargies en ligne peu courbe jusqu'à la moitié environ de leur longueur, à peine rétrécies ensuite jusqu'aux
deux tiers, puis, à partir de ce point, rétrécies en ligne courbe
jusqu'à l'angle sutural ; munies latéralement d'un rebord peu
visible quand l'insecte est examiné en dessus ; longitudinalement à peine arquées jusqu'aux trois cinquièmes, convexement déclives ensuite ; planiuscules sur le dos, convexement
un peu repliées sur les côtés ; sans fossette humérale ; d'un
noir mat ou peu luisant ; à neuf stries légères, étroites et

marquées de points médiocrement rapprochés et les débordant à peine : ces stries partiellement presque réduites parfois à des rangées striales de points : les sixième à huitième aboutissant à peu près à la base : les quatrième et cinquième, postérieurement plus courtes et encloses par les voisines ; offrant à peine près de la suture une strie courte et rudimentaire. *Intervalles* plans, larges ; assez densement pointillés. *Repli* ruguleusement ponctué. *Dessous du corps* d'un noir luisant ; légèrement ridé sur l'antépectus ; assez densement et assez finement ponctué sur le reste ; garni sur les trois premiers arceaux du ventre de quelques rides longitudinales. *Antépectus*, non cilié de roux mi-doré à ses bords antérieurs et postérieurs. *Prosternum* plus large que l'une des hanches de devant ; muni sur les côtés et postérieurement d'un rebord épais ; rayé de trois lignes longitudinales : la médiane plus légère. *Pieds* allongés ; noirs ; assez finement et densement ponctués. *Cuisses* peu ou médiocrement renflées. *Tibias* ornés de poils soyeux d'un roux mi-doré sur l'extrémité de leur arête inférieure. *Tarses* garnis en dessous de poils semblables : premier article des tarses postérieurs aussi long que les deux suivants réunis.

Patrie : l'Espagne, le Portugal (collect. Arias ; muséum de Paris, muséum de St-Pétersbourg).

Obs. Nous avons rapporté cette espèce au *Blaps clypeata* de Germar, en raison du caractère tiré de sa suture frontale profondément creusée ; cependant cet auteur dit : *le prothorax est presque aussi long que large, peu rétréci en devant ; en ligne droite à son bord antérieur, avec les angles de devant émoussés ; fortement arrondi et sans rebord sur les côtés ; en ligne droite à la base*, caractères qui ne conviendraient pas aux exemplaires que nous avons eu sous les yeux, à part la courbure des côtés. Ces individus constitueraient-ils une espèce distincte (*C. frontalis*)? Ce n'est pas probable.

Genre *Iphthimus*, IPHTHIME ; Truqui (1).

(Ἰφθιμος, robuste.)

CARACTÈRES. *Yeux* médiocrement entamés par les joues ; offrant sur le front l'image d'un ovale transverse. *Suture frontale* transverse ou en demi-hexagone ; creusée d'un sillon léger. *Labre* transverse ; non voilé par l'épistome ; généralement échancré en devant. *Palpes maxillaires* à dernier article à peine aussi long que le deuxième, faiblement comprimé, élargi en ligne un peu courbe d'arrière en avant, obliquement tronqué à son extrémité. *Antennes* médiocres : offrant les premiers articles subfiliformes ou obconiques : les cinq derniers comprimés et dilatés. *Prothorax* plus large que long ; séparé des yeux à ses angles antérieurs par un espace plus grand que le diamètre longitudinal de ces organes ; moins large à sa base que les élytres ; à angles postérieurs dirigés en arrière. *Ecusson* en triangle à côtés curvilignes ou presque en demi-cercle. *Menton* presque en parallélogramme, ordinairement plus large que long et entaillé à son bord antérieur ; non relevé ou saillant d'arrière en avant. *Prosternum* plus large que l'une des hanches de devant. *Postépisternums* rétrécis d'avant en arrière ; cinq fois environ aussi longs qu'ils sont larges dans leur milieu. *Partie antéro-médiaire du premier arceau ventral* en ogive ou en arc. *Tibias* garnis de poils soyeux à l'extrémité de leur arête inférieure : les antérieurs arqués à leur extrémité, au moins chez le ♂ . *Dernier article des tarses postérieurs* ordinairement aussi long que les trois premiers réunis.

Obs. Ce genre s'éloigne de celui de *Nyctobates*, GUÉRIN (2),

----

(1) *Iphthinus* (nom peut-être altéré à l'impression, par le changement d'une *m* en *n*), (DEJEAN) Catal. (1833) p. 203. — *Id.* (1837) p. 225.

Iphthimus, TRUQUI, Entomol. Zeit. (1857) p. 92.

(2) M. Guérin, dans son Magazin de zoologie, cl. IX (1834), dit à la fin de son mémoire intitulé : *Matériaux pour une classification des Mélasomes*, p. 33 : « On ne peut « laisser avec les Ténébrions quelques espèces qui ont été jusqu'ici placées à tort dans

par son labre non arrondi ou parfois légèrement échancré ,
et surtout par la partie antéro-médiaire du premier arceau
ventral en ogive ou subarrondie.

1. **I. italicus** ; Truqui.

Allongé ; d'un noir presque mat ou peu luisant. Tête plus longue que
large ; marquée sur le front de deux lignes convergeant postérieurement
en ogive ; sensiblement relevée au côté interne des yeux. Suture frontale
assez légère, près d'une fois plus longue que chaque suture génale. Pro-
thorax offrant vers les deux cinquièmes sa plus grande largeur , rétréci
ensuite et sinué près des angles ; muni latéralement d'un rebord relevé,
crénelé vers la moitié de sa longueur ; bissubsinué à la base, marqué de
points médiocrement rapprochés. Elytres planiuscules sur le dos ; offrant
vers les deux tiers de leur longueur leur plus grande largeur ; à rangées
striales de points sublinéaires. Intervalles obsolètement ponctués. Prosternum
rebordé. Mésosternum non sillonné ; presque lisse entre les hanches. Anté-
pectus grossièrement ponctué.

♂ Cuisses antérieures à peine plus grosses que les suivantes ; de grosseur égale sur toute leur longueur ; arquées
en devant dans le milieu de leur arête antérieure ; échancrées
dans le milieu de leur arête inférieure. Tibias antérieurs
sensiblement arqués dans leur seconde moitié , surtout près
de l'extrémité.

« ce genre. Ainsi , le *Tenebrio gigas* de Fabricius et quelques autres, forment pour moi
« une nouvelle coupe , dont je vais exposer les principaux caractères :
« G. *Nyctobates*, Guér. Ces insectes se distinguent facilement des *Tenebrio* propre-
« ment dits , dont le type est le *Tenebrio molitor*, par un labre très-saillant, et arrondi,
« tandis qu'il est échancré et très-peu avancé dans le *Tenebrio molitor*, par des antennes
« grossissant vers le bout, avec les derniers articles très-comprimés ; tandis que dans
« les *Tenebrio* propres les antennes sont d'égale épaisseur jusqu'au bout, grenues , non
« comprimées. La forme de ces insectes diffère aussi beaucoup de celle des *Tene-*
« *brions*. Le type du genre est le *Tenebrio gigas* de Fabricius. » Le caractère tiré des
antennes est commun à plusieurs genres de cette famille. Celui du labre semble équivoque
ou peu précis. Le *Nyctobates gigas* a le labre plutôt obtusément tronqué ou très-obtusément arqué , plutôt qu'arrondi, et chez quelques espèces voisines ce labre semble légèrement échancré. Les *Nyctobates* s'éloignent des *Tenebrions* par la largeur du prosternum et des *Iphthimus* par la partie antéro-médiaire de leur premier arceau ventral avancé
en pointe ou en angle très-aigu.

♀ Cuisses antérieures un peu plus grosses que les suivantes ; arquées à leur bord antérieur ; en ligne droite sur leur arête inférieure. Tibias antérieurs à peine arqués près de l'extrémité.

Upis italicus (Bonelli ?).
Tenebrio angulatus (Rossi).
Iphthinus italicus (Dejean). Catal. (1833) p. 204. — *Id.* (1837) p. 225.
Iphthimus italicus, Truqui, *in* Entom. Zeit. v. Stettin (1857), p. 93.

Long. 0ᵐ,0180 à 0ᵐ,0242 (8 à 11 l.). — Larg. 0ᵐ,0067 à 0ᵐ,0072 (3 l. à 3 l. 1/4) à la base des élytres 0ᵐ,0100 (4 l. 1/2) vers les deux tiers de la longueur de celles-ci.

Corps allongé ; peu convexe ; d'un noir presque mat ou peu luisant. *Tête* plus longue que large ; avancée ; peu penchée ; d'un noir peu luisant ; marquée sur le milieu du front de deux lignes formant une ogive ou un angle dirigé en arrière ; notée de points peu serrés et peu profonds ou un peu superficiels ; légèrement relevée sur les côtés du front, au bord interne des yeux. *Suture frontale* en demi-hexagone, offrant sa partie transverse ou postérieure, servant à séparer le front de l'épistome, une fois plus longue que chacune de celles qui séparent l'épistome des joues. *Labre* noir ; transverse ; faiblement échancré dans le milieu de son bord antérieur. *Antennes* prolongées environ jusqu'à la moitié des côtés du prothorax ; noires ; à troisième article une fois environ plus long que large : les quatrième, cinquième et sixième, obconiques, aussi longs que larges : le sixième, un peu plus gros que les précédents : les septième à onzième subcomprimés, grossissant graduellement, garnis de quelques poils seulement : les septième à dixième, transverses, plus larges que longs : le onzième presque carré, un peu plus long que large. *Prothorax* tronqué en devant ; cilié de roux testacé dans le milieu de son bord antérieur ; élargi en ligne courbe jusqu'aux deux cinquièmes de ses côtés, rétréci ensuite en ligne courbe d'abord, puis sinuée près des angles postérieurs qui sont assez prononcés et dirigés en arrière et

en dehors; bissinué à la base, avec les deux tiers de celle-
ci un peu arquée en arrière et moins prolongée que les
angles ; une fois au moins plus long sur son milieu qu'il est
large dans son diamètre transversal le plus grand ; muni
dans toute sa périphérie d'un rebord faible en devant, assez
épais à la base, crénelé sur les côtés, depuis la moitié de
la longueur de ceux-ci jusqu'à la sinuosité qui précède les
angles postérieurs ; très - médiocrement convexe ; d'un noir
peu luisant ; offrant sur la seconde moitié de la ligne longitudinale les traces d'un sillon. *Ecusson* en triangle équilatéral ;
noir ; finement ponctué. *Elytres* un peu plus larges à la base
que le prothorax à ses angles postérieurs ; trois fois aussi
longues que lui ; subarrondies ou émoussées aux épaules ;
creusées à l'angle huméral d'une légère fossette pour recevoir
les angles postérieurs du prothorax ; graduellement élargies
en ligne presque droite jusqu'aux deux tiers de leur longueur,
rétrécies ensuite en ligne presque droite jusqu'à l'angle sutural ; munies latéralement d'un rebord visible, quand l'insecte est examiné en dessus ; longitudinalement un peu arquées ; planiuscules sur le dos, convexement déclives sur les
côtés ; creusées d'une fossette humérale; d'un noir mat ou
peu luisant ; notées de neuf rangées striales de points,
constituant souvent sur quelques parties de légères stries :
les quatrième et cinquième aboutissant en devant à la fossette humérale : les sixième à huitième non avancées jusqu'à
la base : ces rangées ordinairement affaiblies postérieurement:
les quatrième et cinquième postérieurement unies et encloses
par les voisines, offrant près de la suture une strie rudimentaire. *Intervalles* plans ; peu densement pointillés. *Repli* imponctué ; ruguleux. *Dessous du corps* d'un noir mat ou peu
luisant. *Antépectus* cilié de roux mi-doré à ses bords antérieur
et postérieur; fortement ponctué et d'une manière presque réticuleuse sur les côtés : ventre plus finement ponctué ; garni
de fines rides longitudinales sur ses trois premiers arceaux :
postpectus légèrement ponctué sur son milieu. *Prosternum*

plus large que l'une des hanches de devant ; muni latéralement d'un rebord épais ; assez convexe entre ces rebords et
offrant postérieurement de faibles rides divergentes. *Pieds*
allongés ; noirs ; ponctués. *Cuisses* peu renflées. *Tibias* ornés
de poils soyeux d'un roux mi-doré sur l'extrémité de leur
arête inférieure. *Tarses* garnis en dessous de poils semblables : premier article des tarses postérieurs aussi long que
les deux suivants réunis : le dernier presque aussi long que
que les trois précédents réunis.

PATRIE : la Corse, l'Italie, etc.

Obs. Le catalogue de Stettin a admis le nom d'*angulatus*,
attribué à Rossi ; mais M. Perty ayant donné la même dénomi-
nation spécifique à un insecte d'un genre voisin (*Nyctobates
angulatus*, Ins. du voy. de Spix et Martius, p. 57, pl. 12,
fig. 7), nous avons conservé celui d'*italicus*, inscrit dans le
catalogue Dejean.

Obs. Nous avons vu dans la riche et admirable collection
de notre ami M. Perroud, sous le nom de *croaticus*, deux individus ayant beaucoup d'analogie avec l'*I. italicus*, mais paraissant s'en éloigner par leur ponctuation beaucoup plus
forte et quelques autres caractères. En voici la diagnose :

I. croaticus ; TRUQUI.

*Allongé ; d'un noir presque mat. Tête plus longue que large ; marquée
sur le front de deux lignes convergeant postérieurement en ogive ; sensiblement relevée au côté interne des yeux. Suture frontale légère, près d'une
fois plus longue que chaque suture génale. Prothorax offrant vers les
deux cinquièmes sa plus grande largeur, rétréci ensuite et sinué près des
angles ; muni latéralement d'un rebord relevé, crénelé vers la moitié de sa
longueur ; bissubsinué à la base ; marqué de points forts et assez rapprochés.
Élytres assez convexes sur le dos ; offrant vers les deux tiers de leur longueur leur plus grande largeur ; à rangées striales de points ; assez fortement ponctuées sur les intervalles. Prosternum rebordé. Mésosternum non
sillonné ; chagriné à la base, ponctué entre les hanches. Antépectus grossièrement ponctué.*

♂ et ♀ Mêmes caractères distinctifs que chez l'*I. italicus.*

Iphthimus croaticus, Truqui, *in* Entom. Zeit. v. Stett. (1857) p. 93.

Long. 0^m,0192 à 0^m,0242 (9 à 11 l.). — Larg. 0^m,0059 à 0^m,0072 (2 l. 2/3 à 3 l. 1/4) à la base des élytres; 0^m,0078 à 0^m,0100 (3 l. 1/2 à 4 l. 1/2) dans la plus grande largeur de celles-ci.

PATRIE : La Crête.

Obs. A première vue, ces individus, par leur ponctuation visiblement plus forte, par leurs élytres plus convexes ou moins planiuscules sur le dos, semblent s'éloigner spécifiquement de l'*I. italicus;* mais ils ont tant d'analogie avec lui par la forme de toutes les parties du corps ; ils en ont si bien tous les autres caractères : le front relevé au côté interne des yeux ; marqué de deux lignes convergentes ; le prothorax relevé et crénelé sur les côtés ; les élytres offrant vers les deux tiers leur plus grande largeur ; le prosternum non sillonné sur son milieu, etc., qu'ils semblent n'en être qu'une variété plus fortement ponctuée. Par l'effet de cette disposition, les points sont ou semblent plus rapprochés sur le prothorax ; les rangées striales des élytres sont moins prononcées et les intervalles plus râpeux ; la partie postérieure du mésosternum est ponctuée au lieu d'être presque lisse.

Genre UPIS, *Upis*; Fabricius (1).

CARACTÈRES. *Yeux* transverses médiocrement entamés par les joues. *Tête* plus longue que large. *Suture frontale* en demi-hexagone. *Antennes* médiocres ; offrant les cinq ou six derniers articles comprimés et dilatés. *Palpes maxillaires* à dernier article comprimé, obtriangulaire. *Menton* offrant sa partie médiane anguleusement avancée et graduellement saillante ou inclinée d'arrière en avant; offrant de chaque côté de cette partie médiaire une entaille et un angle antéro-latéral moins apparent. *Prothorax* souvent plus long que large. *Ecusson* triangulaire. *Elytres* plus larges à la base que le pro-

(1) Fabricius, Entomologia systematica, t. 1, 2, p. 515. Genre 112.

thorax. *Prosternum* plus large que l'une des hanches de devant, un peu plus large entre les hanches que postérieurement. *Postépisternums* subparallèles. *Partie antéro-médiaire* du premier arceau ventral subarrondie ou en ogive. *Dernier article des tarses postérieurs* moins long que les deux suivants réunis.

Obs. Ce genre, borné en Europe à une seule espèce, se distingue facilement du précédent, au moins pour cette espèce, par la forme de son menton, par sa suture frontale en demi-cercle, par son prothorax plus long que large.

1. U. ceramboïdes; Linné.

Allongé; d'un noir peu ou point luisant. Prothorax plus long que large; un peu élargi jusqu'aux deux cinquièmes, subparallèle ou à peine rétréci ensuite; muni d'un rebord latéral étroit, non apparent en dessus; rebordé à la base; densement ponctué en dessus. Elytres une fois plus longues que larges; graduellement élargies jusqu'aux deux tiers; couvertes de rugosités irrégulièrement réticulées.

♂ Tibias antérieurs un peu arqués, subcomprimés, légèrement dilatés vers le milieu de leur arête inférieure, sensiblement échancrés entre ce point et l'extrémité. Dernier arceau ventral déprimé transversalement près de l'extrémité.

♀ Tibias antérieurs à peine arqués; subcomprimés; graduellement et faiblement élargis depuis la base jusqu'à l'extrémité. Dernier arceau ventral sans dépression transversale.

Curculio. Uddm. Dissert., p. 26, pl. 1, fig. 1.

Attelabus ceramboides, Linné, Faun. Suec., p. 186, 643. — Id. Syst. nat., t. 1, p. 621, 12. — P. L. S. Muller. C. Linn. Natursyst., t. 5, 1re part., p. 247. 12. — Gœze Entom. Beytr., t. 1, p. 421. 12. — Gmel. C. Linn. Syst. Nat., t. 1, p. 1822, 12. — De Villers, C. Linn. Entom., t. 1, p. 220. 9.

Tenebrio variolosus, De Geer, Mem., t. 5, p. 32. 2. pl. 2, fig. 1, — Retzius, Gener. p. 134. 831.

Spondylis ceramboides, Faun. Spec. Ins. t. 1. p. 203. 2. — Id. Mant. Ins. t. 1. p. 127. 2. — Panzer, Einig. selten. Insect. *In* Naturforsch. t. 24. p. 24. n° 33. pl. 1. fig. 33.

Upis ceramboides, Fabr. Entom. Syst. t. 1. 2. p. 515. 1. — Id. Syst. Eleuth. t. 2. p. 584. 1. — Herbst., Naturs. t.   p. 237. 5. pl. 110. fig. 5. — Cederh. Faun. ingr. Prodr.

p. 115. 352. — Payk. Faun. suec. t. 3. p. 356. 1. — Oliv. Nouv. Dict. d'hist. nat. (1803) t. 22. p. 513. — Latr. Hist. nat. t. 10. p. 296. 1. — Id. Gen. t. 2. p. 171. 3. — Gyllenh. Ins. Suec. t. 2. p. 594. 1. — Saint-Fargeau et A. Serville, Encycl. méth. t. 10. p. 766. — Duméril, Dict. des Sc. nat. t. 56. p. 289. — Zetterst. Faun. lapp. p. 260. 1. — Id. Ins. lapp. p. 152. 1. — Sahlb. Ins. fenn. p. 480. 1. — Guérin, Iconogr. du Règn. anim. de G. Cuvier, p. 120. pl. 30. fig. 9. *a*, tête; *b*, antenne; *c* et *d*, lèvre. — Règne animal de Cuvier, édit. F. Masson, p. pl. 49. fig. 9. — De Casteln. Hist. nat. t. 2. p. 213. 1. — Gebler, Verzeich. d. In Hüttenb. Süd-West Sibiriens beob. Kæfer, *in* Bullet. de la Soc. imp. d. Natur. de Mosc. t. 21, 1847, p. 484 1. — Id. Tiré à part, p. 194. 1. — Küsten, Kæf. Europ. 3. 49.

Tenebrio ceramboides, Olivier, Entom. t. 3, n° 57. p. 9. n° 8. pl. 1. fig. 7. — Ticny, Hist. nat. t. 7. p. 192.

Long. 0^m,0146 à 0^m,0157 (6 l. 1/2 à 7 l.). — Larg. 0^m,0056 à 0^m.0067 (2 l. 1/2 à 3 l.).

Corps allongé; convexe; d'un noir presque mat. *Tête* plus longue que large; avancée; médiocrement penchée; d'un noir mat; couverte de points médiocres, très-serrés sur le front, un peu moins sur l'épistome; ruguleuse sur le vertex. *Suture* frontale profonde, en forme de demi-cercle dirigé en arrière. *Labre* à peine échancré; cilié de fauve. *Antennes* un peu moins longuement prolongées que les angles postérieurs du prothorax; d'un noir un peu luisant sur leur première moitié, d'un noir plus mat sur la seconde; à troisième article une fois plus long que large, subcylindrique; les quatrième, cinquième et sixième obconiques; le quatrième d'un quart plus long que large; les cinquième et sixième un peu plus longs que larges; les cinq derniers graduellement plus gros; subcomprimés; le septième obtriangulaire; les huitième à dixième, presque en ovale transverse; le onzième obpyriforme. *Prothorax* à peine plus large en devant que la tête; tronqué à son bord anté- rieur; un peu élargi en ligne peu courbe jusqu'aux deux cin- quièmes ou trois cinquièmes de sa longueur, subparallèle ou faiblement rétréci ensuite; faiblement bissinué à sa base, avec les angles un peu plus prolongés en arrière que le milieu; plus long que large; rebordé à sa base; médiocrement con-

vexe en dessus, convexement déclive sur ses côtés, et muni
à ceux-ci d'un rebord très-étroit, invisible en dessus ; d'un
noir presque mat; densement couvert de points un peu moins
petits que ceux de la tête. *Ecusson* en triangle aussi long que
large; noir; obsolètement pointillé. *Elytres* d'un tiers environ
plus larges en devant que le prothorax; trois fois au moins
aussi longues que lui; subarrondies aux épaules ; graduellement élargies jusqu'aux deux tiers de leur longueur, rétrécies
ensuite en ligne presque droite jusqu'à l'angle sutural; munies
latéralement d'un rebord étroit, invisible en dessus ; médiocrement convexes en dessus, convexement déclives sur les côtés ;
d'un noir un peu luisant; couvertes de rugosités irrégulièrement
ou confusément réticulées. *Dessous du corps* d'un noir luisant;
ruguleux sur les côtés de l'antépectus, marqué de points serrés, petits et assez superficiels sur le reste. *Prosternum* subparallèle; plus large que l'une des hanches de devant; comme
rebordé. *Partie antéro-médiaire du premier arceau ventral* en
ogive. *Pieds* allongés; noirs. Cuisses superficiellement pointillées; rétrécies à la base, renflées vers l'extrémité; les antérieures arquées, plus renflées; extrémité inférieure des tibias
et dessous des tarses garnis de poils d'un roux fauve. Premier article des tarses postérieurs à peine aussi long que le
dernier, moins long que les deux suivants réunis.

Patrie : Le nord de l'Europe. Cette espèce vit dans les
bolets des arbres, principalement des bouleaux.

DESCRIPTION

DE

QUELQUES COLÉOPTÈRES NOUVEAUX

par

E. MULSANT et Cl. REY.

Lampyris Raymondi.

Allongé ; garni de poils fins, d'un livide testacé, peu apparents en dessus. Prothorax arrondi en devant jusqu'à la moitié, faiblement élargi ensuite en ligne droite ; entaillé en angle très-ouvert et bissubsinué à la base ; plus large que long ; flave ou d'un flave testacé ou cendré, avec deux taches hyalines en devant et le disque brun obscur. Ecusson d'un flave testacé, à base obscure. Elytres d'un brun de poix ; ornées d'un rebord sutural et d'un rebord externe d'un flave cendré ; chargées chacune de trois nervures presque égales : l'interne, prolongée jusqu'aux deux tiers. Bord antérieur de l'antépectus un peu anguleux dans son milieu et bissubsinué. Pro et mésosternum saillants, obtriangulaires. Dessous du corps et pieds d'un flave roussâtre ou cendré. Cuisses antérieures non renflées.

Long. 0ᵐ,0146 à 0ᵐ,0157 (6 l. 1/2 à 7 l.). — Larg. 0ᵐ,0051 (2 l. 1/4).

♂ *Corps* allongé ; subparallèle ; planiuscule ; garni de poils courts et peu apparents d'un livide testacé, en dessus. *Téte* voilée par le prothorax ; brune ou d'un brun obscur et concave derrière les antennes ; à peine aussi large dans ce point que la moitié du diamètre transversal d'un œil, trois fois plus étroite, d'un roux ou fauve testacé et garnie de poils concolores, en devant. *Palpes* de même couleur. *Yeux* noirs ; globuleux. *Antennes* un peu plus longuement prolongées que les angles postérieurs du prothorax ; d'un brun fauve ou tirant sur le fauve ou le testacé, avec le premier article et la base de quelques-uns des suivants d'un roux testacé ; garnies d'un duvet soit fauve ou d'un fauve grisâtre ; comprimées ; graduellement rétrécies à partir du quatrième article : le premier, le plus gros et le plus long : le deuxième court : le troisième un peu élargi de la base à l'extrémité, une fois au moins aussi long que large : le quatrième subparallèle, aussi long ou un peu plus long que le troisième : les cinquième à neuvième graduellement un peu moins longs : le neuvième, le plus court, mais un peu plus long que large : le dixième moins court : le onzième trois fois environ aussi long que large. *Prothorax* arrondi en devant jusqu'à la moitié de ses côtés, puis faiblement élargi en ligne droite jusqu'aux angles postérieurs ; faiblement entaillé en angle très-ouvert à la base, c'est-à-dire avec les angles postérieurs sensiblement plus prolongés en arrière que le milieu du bord postérieur ; plus légèrement sinué entre l'entaille du milieu et les angles ; un peu plus large à la base qu'il est long sur son milieu ; inégalement planiuscule, subconvexe sur la tête, creusé d'un sillon naissant un peu avant la moitié du bord externe et obliquement prolongé en dedans jusqu'aux trois cinquièmes ou un peu moins de la longueur et le quart externe de la largeur, d'où ce sillon se dirige ensuite en ligne droite vers le quart externe de la base, c'est-à-dire vers chaque subsinuosité basilaire ; muni dans sa périphérie d'un rebord étroit et un peu relevé ; flave ou d'un flave cendré, avec la moitié postérieure de la tête d'un brun fauve et la partie médiaire de la base d'un testacé roussâtre ; orné, au-dessus des yeux, près du bord antérieur de deux taches hyalines, transverses ; superficiellement ponctué ; garni de poils courts et fins, d'un livide roussâtre ; orné au côté interne de chacun des sillons aboutissant aux subsinuosités, d'une tache ovalaire, subtuberculeuse d'un flave roussâtre ; offrant sur sa moitié antérieure les traces d'une ligne longitudinale élevée. *Écusson* un peu rétréci d'avant en arrière ; obtusément tronqué à l'extrémité ; plus long que large ; d'un roux testacé ou d'un flave cendré ou testacé, avec la base plus obscure ; garni de poils courts ; offrant ordinairement sur sa seconde moitié les traces à peine distinctes d'une ligne médiane : cet écusson ordinairement séparé du bord postérieur du prothorax par un petit espace laissant à découvert quelques-unes des parties du mésothorax qui le précèdent. *Elytres* arrondies aux épaules et à peine aussi larges ou plus larges en devant que le prothorax à ses angles postérieurs ; quatre fois aussi longues que lui ; à peine élargies jusqu'au quart, subparallèle ensuite jusqu'aux deux tiers, graduellement rétrécies ensuite chacune en ligne courbe jusqu'à l'angle sutural qui est émoussé ; planiuscules avec les épaules déclives ; ruguleusement ponctuées ; d'un brun de poix, ornées chacune d'un rebord externe et sutural d'un flave testacé ; garnies de poils fins, couchés, peu apparents, d'un livide fauve ; un peu déprimées à la base entre le calus huméral et l'écusson ; chargées chacune de trois nervures longitudinales, à peu près également saillantes : l'interne, naissant vers le tiers interne de la base, un peu affaiblie à sa naissance, prolongée en se rapprochant un peu de la suture, jusqu'aux deux tiers environ de leur longueur : la deuxième, naissant au côté interne du calus huméral, un peu plus longuement prolongée, en se rapprochant de la première, tantôt unie postérieurement à celle-ci, tantôt isolée, plus ordinairement liée à la troisième en émettant un prolongement affaibli après leur union : la troisième naissant au côté externe du calus huméral, prolongée environ jusqu'aux sept huitièmes, en s'affaiblissant graduellement ainsi que les deux précédentes, séparée du bord externe, à son extrémité par un espace égal aux deux cinquièmes de la largeur d'un étui. *Intervalles* séparant les côtes paraissant légèrement canaliculés par l'effet de la saillie de celles-ci : l'externe, déclive à sa partie antérieure, graduellement planiuscule postérieurement. *Repli* canaliculé presque jusqu'aux deux tiers, postérieurement réduit à une tranche obtuse. *Ailes* nébuleuses. Deux derniers arceaux du dos de l'abdomen débordant ordinairement l'extrémité des élytres : ces arceaux d'un brun de poix ou d'un brun gris sur le milieu avec les côtés d'un flave testacé : l'avant-dernier un peu entaillé en angle très-ouvert, avec les angles postérieurs un peu prolongés en forme de dent : le dernier, mitréforme, subparallèle à la base, en angle émoussé dans sa seconde moitié. *Dessous du corps* d'un flave roussâtre sur la poitrine, d'un flave plus pâle sur le ventre ; obsolètement pointillé et garni de poils fins, courts et concolores. *Antépectus* coupé en ligne à peine bissinuée à son bord antérieur, avec le milieu de celui-ci légèrement anguleux en devant. *Prosternum* obtriangulaire ; caréné ; ne séparant pas les hanches de devant. *Mésosternum* obtriangulaire, saillant, prolongé en ligne étroite entre les hanches intermédiaires. *Postépisternums* obtriangulaires ; une fois plus longs qu'ils sont larges à la base. *Épimères* postérieures visibles, un peu élargies d'avant en arrière. *Ventre* offrant le bord postérieur de ses arceaux échancrés dans leur milieu. *Pieds* d'un flave testacé ; comprimés ; garnis de poils concolores. *Cuisses* non renflées, même les antérieures. *Tibias* plus étroits et à peine arqués à la base, faiblement élargis ensuite jusqu'à l'extrémité. *Premier article* des tarses postérieurs plus long que chacun des trois suivants, à peu près aussi long que le dernier : le quatrième le plus court en dessus, bilobé et allongé en dessous en forme de languette.

Cette espèce a été prise à Hyères , par M. Raymond , entomologiste plein de zèle , à qui nous l'avons dédiée.

Obs. Peut-être le *L. Raymondi* est-il identique avec le *L. lusitanica*, indiqué plutôt que décrit par M. V. Motschoulsky (*Études entomologiques*, 1854 , p. 19 , n° 16); dans tous les cas le nom de *lusitanica* ne peut lui être conservé, ce nom ayant déjà été appliqué, par T. Charpentier, à une autre espèce du même groupe.

Dircaea Revelierii.

Allongé; subparallèle; très-médiocrement convexe; ruguleusement pointillé

*d'un brun fauve et garni de poils soyeux, fins et couchés, en dessus. Dessous
du corps et pieds fauves ou d'un fauve testacé. Antennes comprimées ; à
deuxième article à peine plus grand que la moitié du suivant : les quatrième
à dixième, obtriangulaires et dentés. Prothorax tronqué en devant, bissubsinuément faible et dirigé en arrière, à la base ; à deux légères fossettes
antébasilaires. Elytres offrant ordinairement près de la suture, les faibles
traces de deux sillons très-légers.*

♂ Dernier article des palpes maxillaires prolongé en arrière à son angle postéro-interne. Quatrième à dixième articles des antennes en majeure partie aussi longs que larges.

♀ Dernier article des palpes maxillaires rectangulairement
ouvert à son angle postéro-interne. Quatrième à dixième
articles des antennes presque tous plus larges que longs.

Long. 0ᵐ,0056 à 0ᵐ,0078 (2 l. 1/2 à 3 l. 1/2). — Larg. 0ᵐ,0013
à 0ᵐ,0021 (3/5 à l.)

Corps allongé ; subparallèle ; très-médiocrement convexe ;
ruguleusement pointillé, presque un peu plus finement ou
plus superficiellement sur le prothorax que sur les élytres ;
garni de poils fins, soyeux, couchés, d'un fauve obscur ;
d'un brun fauve ou d'un fauve brun, luisant. *Tête* en triangle
obtus et à côtés curvilignes ; engagée jusqu'aux yeux dans le
prothorax ; médiocrement convexe ; pointillée ; pubescente ;
d'un brun fauve. *Palpes maxillaires* testacés ou d'un testacé
brunâtre. *Antennes* prolongées jusqu'aux angles postérieurs
du prothorax ; d'un fauve brunâtre ; à premier article plus
court que le troisième : le deuxième au moins égal à la
moitié du suivant : le troisième deux fois et demie aussi long
qu'il est large : les suivants subcomprimés : les quatrième à
dixième d'abord obtriangulaires, dentés, surtout au côté externe, puis graduellement subcupiformes : le quatrième plus
long que large : les cinquième à dixième plus larges que longs
(♀) : les cinquième à septième à peine plus longs ou aussi
longs que larges : les huitième à dixième un peu moins longs
que larges (♂) : le onzième ovalaire, plus long que large,

comme appendicé, terminé en arc obtus. *Yeux* noirs ; très-faiblement échancrés. *Prothorax* tronqué en devant, déclive aux angles antérieurs ; rétréci d'avant en arrière en ligne arquée ; un peu déclive sur les côtés, et par l'effet de cette déclivité paraissant rétréci assez faiblement sur les côtés, en ligne presque droite, depuis un peu après les angles de devant jusque près des postérieurs ; émoussé ou subarrondi aux angles postérieurs ; bissubsinuément en arc faible et dirigé en arrière, à la base ; d'un cinquième plus large à la base qu'il est long sur son milieu ; muni sur les côtés et à la base d'un rebord étroit : chacun des latéraux peu ou point visible en dessus ; peu convexe sur le dos, convexement déclive sur les côtés ; ruguleusement pointillé ; pubescent ; d'un fauve brun ou brun fauve ; marqué d'une légère fossette au-devant de chaque sinuosité basilaire. *Ecusson* près d'une fois plus large que long ; parallèle sur les côtés, arqué ou anguleux en arrière à son bord postérieur ; pointillé ; pubescent ; d'un fauve brun ou brun fauve. *Elytres* à peine aussi larges en devant que le prothorax à sa base ; trois fois et demie aussi longues que lui ; émoussées aux épaules ; subparallèles jusqu'à la moitié, à peine rétrécies ensuite jusqu'aux cinq sixièmes, obtusément arrondies, prises ensemble, à l'extrémité ; faiblement ou médiocrement convexes sur le dos, subconvexement inclinées aux épaules et convexement déclives sur les côtés à partir de la moitié de leur longueur ; ruguleusement pointillées ; offrant ordinairement près de la suture les faibles traces de deux sillons très-légers ; pubescentes ; d'un brun fauve ou fauve brun. *Repli* assez étroit en devant, graduellement réduit à une tranche, à partir de l'extrémité du postpectus. *Dessous du corps* et *Pieds* fauves ou d'un fauve testacé, pubescents. *Prosternum* à peine engagé jusqu'à la moitié des hanches. *Mésosternum* prolongé jusqu'à l'extrémité des hanches. *Cuisses* comprimées, ovalaires, allongées. *Tibias* grêles. *Tarses* simples ; avant-dernier article un peu avancé en forme de lobe, en dessous : le premier des postérieurs plus long que tous les suivants réunis.

Cette espèce a été découverte en Corse par M. Revelière.

Obs. Elle s'éloigne un peu des autres espèces par son prothorax moins mitréforme, moins tranchant sur les côtés, plus faiblement bissinué à la base; par son corps moins convexe.

Rhizotrogus fossulatus.

Suballongé; convexe; d'un roux testacé ou d'un fauve jaune, glabre et luisant, en dessus. Prothorax marqué de points médiocrement rapprochés, laissant sur la ligne médiane une bande étroite, imponctuée, marquée d'une fossette vers les deux tiers de sa longueur. Ecusson ponctué, plus ou moins lisse sur le disque ou la ligne médiane. Elytres ponctuées; à trois nervures planes. Pygidium plus finement ponctué.

♂ Massue des antennes plus longue que les six articles précédents réunis. Ventre longitudinalement subdéprimé ou sillonné. Jambes de devant faiblement tridentées.

♀ Massue des antennes ovoïde ou elliptique, à peine plus longue que les cinq articles précédents réunis. Ventre sans dépression longitudinale. Jambes antérieures moins faiblement dentées.

Long, 0ᵐ,0146 à 0ᵐ,0157 (6 l. 1/2 à 7 l.). —Larg. 0ᵐ,0090 (4 l.)

Corps suballongé; convexe; glabre, d'un roux testacé ou d'un fauve flave et luisant, en dessus. *Tête* plus large que longue; marquée de points gros et à peu près contigus; un peu rugueuse; d'un roux flave ou testacé; ciliée et relevée en rebord obscur ou noirâtre, en devant et sur les côtés. *Epistome* sinué ou échancré dans le milieu de son bord antérieur. *Palpes* et *Antennes* d'un fauve jaune ou d'un flave testacé : dernier article des palpes maxillaires, obscur : les antennes de dix articles. *Prothorax* tronqué ou à peine échancré en arc en devant; élargi d'avant en arrière jusqu'à la moitié ou un peu plus de ses côtés, subparallèle ensuite; bissinuément en arc dirigé en arrière à la base; près d'une fois plus large qu'il est long sur son milieu; muni dans sa périphérie d'un rebord obscur : ce rebord dentelé sur les côtés ; cilié à ceux-ci ; muni sous le rebord basilaire de longs poils flavescents ; convexe; marqué de points moins gros, moins rapprochés et surtout moins profonds que ceux de la tète : ces points laissant sur la ligne médiane une bande longitudinale étroite imponctuée; creusé d'une fossette vers les deux tiers de cette ligne ; noté d'une cicatrice vers chaque partie anguleuse des côtés; d'un roux testacé ; glabre. *Ecusson* en triangle à côtés curvilignes; d'un roux testacé ; marqué de points un peu plus petits que ceux du prothorax : ces points laissant sur le disque ou sur la ligne médiane un espace lisse plus ou moins notable. *Elytres* à peine aussi larges en devant que le prothorax à ses angles postérieurs ; près de trois fois aussi longues que lui ; subsinuément élargies jusqu'à la moitié de leur longueur, arrondies à leur partie postéro-externe, tronquées ou à peine arquées chacune à l'extrémité; ciliées latéralement; convexes; glabres; luisantes; d'un roux testacé ou d'un fauve jaune ; creusées d'une fossette humérale; marquées de points aussi gros, mais moins rapprochés que ceux du prothorax; chargées chacune d'une nervure suturale et de deux autres plus faibles : ces nervures presque imponctuées (σ) ou plus parcimonieusement ponctuées ($\mathcal{Q}$) : la suturale prolongée jusqu'à l'extrémité : les autres postérieurement raccourcies : ces nervures limitées par des stries ou rangées striales de points un peu irrégulières. *Pygidium* d'un fauve flave ; cilié dans son pourtour; ponctué, plus finement ou plus superficiellement chez le σ que chez la $\mathcal{Q}$. *Dessous du corps* d'un fauve jaune ou d'un testacé. *Poitrine* garnie de longs poils laineux concolores, médiocrement épais. *Ventre* parsemé de poils peu apparents. *Pieds* d'un roux testacé, avec le bord externe des tibias antérieurs obscurs. *Jambes* de devant, tridentées (σ $\mathcal{Q}$).

Cette espèce a été prise en Corse par M. Revelière.

Genre Lyphie , *Lyphia*.

CARACTÈRES. *Yeux* très-visibles et non voilés par le bord antérieur du prothorax dont ils sont assez rapprochés; notablement coupés par les joues; dirigés d'une manière obliquement longitudinale et plus longs que larges dans leur partie visible en dessus. *Antennes* de onze articles : le troisième au moins aussi long que large : les autres plus larges que longs : les troisième à septième étroits, grossissant faiblement et d'une manière subgraduelle : les quatre derniers subcomprimés, brusquement plus gros, constituant une massue égale. *Joues* constituant avec l'épistome une sorte de chaperon obtusément tronqué en devant, plan ou à peine relevé sur les côtés; laissant le labre en partie à découvert. *Mandibules* courtes, cornées, bifides à l'extrémité. *Dernier article des palpes maxillaires* subcomprimé; subcylindrique ou plutôt ovalaire, tronqué à l'extrémité. *Prothorax* un peu plus long que large, tronqué à la base. *Elytres* parallèles, voilant le pygidium. *Repli* non prolongé jusqu'à l'angle sutural ou réduit à une tranche près de celui-ci. *Postépisternums* linéaires; huit fois aussi longs que larges. *Tibias antérieurs* grêles ou faiblement élargis, à peu près semblables aux suivants. *Corps* allongé; parallèle.

Obs. Ce genre faisant partie de la famille des Triboliens, s'éloigne des autres genres de ce groupe décrit dans l'*Hist. nat. des Coléopt. de Fr.* (Latigènes, p. 243 et suiv.) par son prothorax un peu plus long que large et tronqué à sa base.

L. ficicola.

Allongé ; parallèle ; très-médiocrement convexe ; brun en dessus, d'un brun rouge en dessous. Tête et prothorax réticuleusement ponctués : celui-ci un peu plus long que large; offrant vers le tiers de ses côtés sa plus grande largeur, tronqué à sa base. Elytres comme striément ponctuées : les rangées striales, alternes offrant des traces de stries, dont quelques-unes se réunissent un peu avant l'extrémité

Long. 0ᵐ,0045 (2 l.). — Larg. 0ᵐ,0013 (3/5 l.).

Corps allongé ; parallèle ; peu convexe ; glabre ; brun en dessus. *Tête* penchée ; médiocrement convexe ; réticuleusement ponctuée ; brune, avec le chaperon d'une teinte plus claire. *Epistome* constituant avec les joues une sorte de chaperon presque en demi-cercle obtusément tronqué ou à peine échancré en devant, et laissant le labre à découvert, plan latéralement et débordant à peine les yeux qu'il échancre jusqu'à la moitié. *Labre* court; transverse; cilié de roux testacé. *Yeux* noirs. *Antennes* d'un brun rouge ; à peine prolongées jusqu'à la moitié des côtés du prothorax; à deuxième article presque égal au quatrième ; le troisième au moins aussi long que large; les suivants plus larges que longs; les quatrième à septième étroits, grossissant graduellement à peine ; le septième cupiforme; les huitième à onzième subcomprimés, brusquement plus gros, constituant une massue égale ; le onzième moins court que les précédents. *Prothorax* tronqué ou à peine arqué en devant; à angles antérieurs déclives, et, par là, paraissant subarrondis , quand l'insecte est vu en-dessus; élargi sur les côtés en ligne un peu courbe jusqu'au tiers, faiblement rétréci ensuite en ligne droite jusqu'aux angles postérieurs qui sont assez vifs et un peu plus ouverts que l'angle droit; tronqué à la base ; muni à celle-ci et sur les côtés d'un rebord étroit et tranchant; un peu plus long qu'il est large à la base; médiocrement convexe; brun, uniformément et réticuleusement ponctué. *Ecusson* en triangle à côtés subcurvilignes; brun rouge. *Elytres* un peu plus larges en devant que le prothorax à ses angles postérieurs; deux fois et demie aussi longues que lui; subparallèles jusqu'aux quatre cinquièmes, arrondies postérieurement (prises ensemble); munies latéralement d'un rebord peu tranchant; uniformément et comme striément ponctuées ; les rangées striales alternes offrant, au moins sur les deux tiers internes, des traces de stries, dont quelques-unes semblent se réunir avant l'extrémité;

brunes, avec l'extrémité et les bords latéraux insensiblement moins obscurs. *Repli* d'un brun rouge; non prolongé jusqu'à l'angle sutural, réduit à une tranche près de celui-ci. *Dessous du corps* d'un brun rouge; réticuleusement ponctué sur les côtés de l'antépectus; marqué de points arrondis sur la poitrine, et de points semblables un peu moins gros sur le ventre. *Prosternum* à deux sillons. *Postépisternums* linéaires, huit fois aussi longs que larges. *Pieds* d'un rouge brun testacé. *Cuisses* comprimées, peu renflées; pointillées. *Tibias* subcomprimés; droits, à peine élargis de la base à l'extrémité; subdenticulés sur leur arête inférieure; les antérieurs ciliés vers l'extrémité de celle-ci. *Tarses* grêles ; premier article des postérieurs aussi long que les deux suivants réunis, un peu moins long que le dernier.

Cette espèce vit dans le figuier. Elle a été découverte en Corse, par M. Revelière.

Mordella pulchella.

Suballongé ; à fond noir ; pubescent. Antennes noires ; comprimées et subdentées à partir du quatrième article. Prothorax coupé en ligne droite sur chaque quart externe de sa base, avec le tiers médiaire au moins arqué en arrière. Elytres noires, ornées chacune de deux taches d'un fauve flave ou roux testacé : l'antérieure humérale, prolongée jusqu'au quart au moins de la longueur des étuis, élargie d'avant en arrière, subéchancrée à l'extrémité; la deuxième étroite, couvrant depuis la moitié ou un peu plus jusqu'aux deux tiers ou plus de la longueur , et du quart à la moitié ou plus de la largeur.

Long. 0^m,0039 à 0^m,0045 (1 l. 3/4 à 2 l.). — Larg. 0^m,0011 (1 l. 1/2).

Corps suballongé; à fond noir; à pubescence soyeuse. *Tête* faiblement échancrée en arc ou en angle très-ouvert, à son bord postérieur; noire; garnie d'un duvet d'un cendré flavescent. *Palpes* et *antennes* noirs : les antennes offrant les trois premiers articles plus grêles et un peu plus courts, presque égaux ; subcylindriques , à peine plus longs que larges : les quatrième à dixième, plus larges, comprimés et subdentés à leur côté interne : le onzième plus long, en ogive à son extrémité. *Prothorax* bissinué en devant, avec la partie médiaire plus avancée et subarrondie; faiblement élargi d'avant en arrière en ligne légèrement arquée ; coupé en ligne droite, sur chaque tiers externe de la base, avec le tiers médiaire au moins, arqué en arrière, près de trois fois aussi large que l'écusson: cette partie arquée, étendue jusqu'à la moitié de chaque élytre ; une fois environ plus large à la base qu'il est long sur son milieu; convexe ; noir; garni d'un duvet cendré flavescent en devant, paraissant obscur postérieurement, presque glabre près des côtés. *Ecusson* assez petit ; en triangle obtus, un peu plus large à la base qu'il est long sur son milieu : noir ; garni d'un duvet cendré flavescent. *Elytres* en devant à peu près de la largeur du prothorax à sa base; correspondant vers la moitié de leur base à chaque sinuosité de la base du prothorax ; deux fois et demie ou un peu plus aussi longues que ce dernier sur son milieu; deux fois et quart environ aussi longues qu'elles sont larges à la base, réunies; sensiblement rétrécies jusqu'aux sept huitièmes, arrondies chacune à l'extrémité; peu convexes; noires, ornées chacune de deux taches d'un roux testacé ou d'un fauve flave ; l'antérieure naissant à la partie humérale de la base, couvrant à celle-ci les deux cinquièmes extérieurs de leur partie visible en dessus, prolongée jusqu'aux deux septièmes ou au quart de leur longueur, élargie d'avant en arrière à son côté interne, de manière à couvrir postérieurement les deux tiers externes ou parfois seulement la moitié de la surface de chacune, échancré à son extrémité ; la postérieure étroite, souvent une fois plus longue que large, graduellement plus étroite dans sa seconde moitié, couvrant depuis la moitié ou un peu plus, et variablement jusqu'aux deux tiers ou un peu plus de la longueur, et du quart à la moitié ou aux trois cinquièmes de la largeur de chaque étui ; garnies d'un duvet concolore sur les taches, et noir sur les autres parties. *Repli* à peine plus large que la moitié des postépisternums, vers la moitié de la longueur de ceux-ci. *Pigydium* conique ; un peu plus long que les deux cinquièmes d'une élytre, étroit, tronqué et frangé à l'extrémité ; noir, garni de poils concolores assez courts. *Dessous du corps* noir, garni d'un duvet cendré flavescent. *Post-épisternums* deux fois et quart aussi longs qu'ils sont larges à la base ; en ligne droite à leur côté interne. *Pieds* noirs ; garnis d'un duvet cendré flavescent ; jambes et tarses, sans hachures. *Tarses* grêles.

Cette jolie espèce a été prise en Corse par M. Revelière.

Obs. Les taches varient un peu d'étendue : l'antérieure ne couvre parfois que la moitié de la largeur de l'élytre vers sa partie postérieure, d'autres fois elle en couvre les deux tiers. La postérieure égale parfois environ un cinquième de la longueur des étuis, d'autrefois à peine un sixième. En se rapetissant ces taches se montrent ordinairement moins claires, l'antérieure surtout.

Acmæodera Revelierii.

Suballongé ; hérissé en dessus de poils noirs ; d'un bleu noir et réticuleusement ponctué sur la tête et le prothorax. Elytres violettes ; subparallèles jusqu'aux trois cinquièmes, rétrécies ensuite chacune jusqu'à l'angle sutural ; à bord marginal denticulé ; déprimées longitudinalement sur la moitié interne de leur largeur, convexement déclives sur l'externe ; à dix stries profondément ponctuées : les sixième et septième, à peine prolongées jusqu'aux deux tiers. Dessous du corps et pieds d'un bleu noir ; réticuleusement ponctué sur la poitrine, plus légèrement sur le ventre.

Long. 0ᵐ,0100 à 0ᵐ,0112 (4 l. 1/2 à 5 l.) — Larg. 0ᵐ,0033 à 0,0042 (1 l. 1/2 à 1 l. 7/8).

Corps suballongé ou allongé ; hérissé de poils noirs, en dessus. *Tête* d'un bleu noir ; marquée de points arrondis peu profonds, du milieu de chacun desquels naît un poil noir : ces points séparés par un réseau à peine saillant. *Epistome* flave, petit, logé dans une échancrure de la partie antérieure du

front. *Labre* transverse ; d'un bleu noir. *Palpes* et *antennes*
noirs : les antennes à peine prolongées jusqu'aux angles postérieurs du prothorax, offrant les deuxième et cinquième articles presque égaux, étroits, submoniliformes ; le troisième
élargi d'arrière en avant à son côté interne, plus long que
large ; les quatrième à dixième dilatés et dentés à leur côte
nterne, plus larges que longs ; les quatrième à septième
graduellement un peu plus larges : les autres presque égaux ;
le onzième à peine aussi long que le dixième. *Prothorax*
tronqué ou à peine bissinué en devant ; élargi assez fortement jusqu'aux deux tiers de ses côtés, subarrondis dans
ce point, rétréci ensuite ; tronqué en ligne droite à la base ;
deux fois et demie aussi large à celle-ci qu'il est long sur
son milieu ; sans rebord sur les côtés ; muni d'une bordure
striée à la base ; peu convexe sur le dos, convexement déclive aux angles de devant ; longitudinalement un peu déclive sur son disque à partir du quart de la longueur, subdéprimé au-devant du milieu de sa base ; couvert de gros
points arrondis, du milieu desquels naît un poil noir, hérissé ;
ces points séparés par un réseau. *Ecusson* nul ou indistinct.
Elytres aussi larges en devant que le prothorax à ses angles
postérieurs ; cinq à six fois aussi longues que lui ; subparallèles ou faiblement rétrécies, jusqu'aux quatre cinquièmes de
leur longueur, puis rétrécies en ligne droite jusque vers l'angle sutural ; munies à la base d'un rebord finement strié ; den-
telées sur les côtés, surtout à partir des deux cinquièmes
jusqu'à l'extrémité ; déprimées longitudinalement sur leur
moitié interne ; assez faiblement déclives latéralement à partir
de la moitié de leur largeur ; violettes ou d'un violet foncé ; à
dix stries, marquées de points presque contigus, crénelant un
peu les intervalles ; les quatrième et septième stries plus courtes, à peine prolongées jusqu'aux trois cinquièmes. *Intervalles*
marqués d'une rangée longitudinale de points occupant presque toute leur largeur et faisant paraître les intervalles
externes surtout ridés transversalement. *Dessous du corps*

d'un bleu foncé ; réticuleusement ponctué sur la poitrine et sur la partie antérieure du premier arceau ventral, plus légèrement sur le reste du ventre; garni de poils cendrés, luisant, peu épais ; premier et deuxième arceaux du ventre soudés et peu distinctement séparés. *Pieds* d'un bleu foncé; garnis de poils cendrés.

Cette espèce se trouve en Corse, sur les fleurs d'une espèce de crépis (*Crepis diffusa ?*), depuis dix heures du matin jusqu'à trois de l'après-midi et par un beau soleil. Sa larve vit dans le châtaignier.

Nous l'avons reçu de M. E. Revelière, à qui nous nous faisons un devoir de la dédier.

Psammodius accentifer.

Oblong; convexe; noir en dessus, d'un brun rouge en dessous. Tête papilleuse, chargée de deux lignes en relief convergeant sur le vertex. Prothorax arqué latéralement, en partie subdenticulé et garni de poils tronqués ; en angle dirigé en arrière et garni de soies livides à la base; creusé de quatre sillons transversaux, grossièrement ponctués, séparés par des intervalles convexes et lisses; l'antérieur libre; les quatre derniers unis à leur extrémité; les deux postérieurs sillonnés sur la ligne médiane. Elytres à stries ponctuées ; les septième, huitième et neuvième graduellement plus courtes en devant; les quatrième et cinquième et septième et neuvième raccourcies en arrière. Intervalles subconvexes : impointillés.

Long. 0^m,0042 à 0^m,0045 (1 l. 7/8 à 2 l.). — Larg. 0^m,0012 (1/2 l.) à la base des élytres ; 0^m,0019 à 0^m,0022 (7/8 à 1 l.) dans la plus grande largeur de celles-ci.

Corps oblong; noir; luisant en dessus. *Antennes* et *Palpes* d'un rouge testacé. *Tête* convexe; entaillée dans le milieu de son bord antérieur ; relevée en rebord de chaque côté de cette entaille jusqu'aux joues; verruqueuse, avec la partie postérieure chargée de deux reliefs ou lignes saillantes convergeant sur le vertex en forme d'accent circonflexe. *Prothorax* sinué en devant derrière chaque œil; avec la partie médiaire à peine arquée en devant, et les angles peu avancés et obtus; arqué sur les côtés ; subdenticulé sur la première moitié de ceux-ci ; garni latéralement de poils bruns de largeur égale, légèrement renflés à leur extrémité; arrondi aux angles postérieurs ; en angle très-ouvert et médiocrement dirigé en arrière à la base, avec les côtés de cet angle légèrement sinués; muni à la base d'un rebord très-étroit, légèrement denticulé et garni en dessous de soies flavescentes; de deux tiers plus large à la base qu'il est long sur son milieu; convexe; d'un noir luisant; avec le bord antérieur muni d'une membrane d'un flave livide; transversalement creusé de quatre ou cinq sillons grossièrement ponctués; le postérieur plus étroit, moins apparent, précédant le rebord basilaire, presque interrompu dans son milieu, et ne pouvant pas être assimilé aux autres ; l'antérieur étendu jusqu'au bord externe, le long duquel il se prolonge, en se rétrécissant d'avant en arrière, pour s'unir au sillon anté-basilaire : les trois autres, raccourcis à leurs extrémités : ces divers sillons séparés par des intervalles saillants, convexes et lisses; le premier de ces intervalles séparant le premier sillon du bord antérieur, prolongé presque jusqu'aux angles de devant, ponctué à sa partie antérieure ou comme séparé par des points de la membrane livide; les quatre autres intervalles unis à chacune de leurs extrémités de manière à constituer un relief arqué en dehors, très-rapproché du bord externe ; les trois premiers intervalles non coupés ; les quatrième et cinquième sillonnés longitudinalement sur la ligne médiane. *Ecusson* en triangle de moitié plus long que large; à côtés légèrement curvilignes; lisse. *Elytres* à peu près aussi larges aux épaules que le prothorax à ses angles postérieurs; deux fois et demie aussi longues que lui ; subgraduellement élargies jusqu'aux trois cinquièmes de leur longueur; arrondies postérieurement; convexes; noires ou d'un noir brun; à dix stries ponctuées : la septième non avancée jusqu'à la base : les septième, huitième et neuvième, graduellement plus courtes en devant: les première, deuxième, troisième et sixième terminales : les première et deuxième libres ; les troisième et sixième postérieurement unies et enclosant les quatrième et cinquième qui sont unies et plus courtes : la dixième subterminale, postérieurement unie à la septième ou à la huitième ; la neuvième est variable : les huitième ou la septième un peu plus courtes et unies : la septième à la huitième et la neuvième à la dixième. *Intervalles* faiblement convexes ; impointillés. *Dessous du corps* d'un brun rouge, finement et densement pointillé et garni de poils courts sur les côtés de l'antépectus ; brun et impointillé sur le reste. *Pieds* d'un brun rouge ; garnis de poils livides. *Cuisses*, les postérieures surtout renflées. *Tibias* antérieurs à trois dents : les postérieurs dentés et ciliés ; éperons des tibias antérieurs graduellement rétrécis, assez grêles : éperons des tibias postérieurs inégaux; l'externe de moitié environ plus court, terminé en pointe obtuse; l'interne, élargi et tronqué à son extrémité, presque aussi longuement prolongé que les trois premiers articles des tarses : premier article de ceux-ci, une fois plus long que le suivant, élargi d'avant en arrière à son côté externe où il forme une sorte de dent : les deux ou trois suivants obtriangulaires.

Cette espèce a été trouvée par l'un de nous dans les environs de Grasse (Var).

Obs. Le deuxième des intervalles transverses et convexes du prothorax semble s'unir avec le cinquième en se courbant à leurs extrémités l'un vers l'autre, et le troisième avec le quatrième ; mais, à chacune de ces extrémités ces sillons sont à peu près confondus pour former un relief commun arqué du côté externe.

Cette espèce serait-elle le *Ps. rugicollis* de Dahl ? trop imparfaitement indiqué par Erichson, pour qu'il soit possible de le reconnaître.

Rhyssemus sulcigaster.

Suballongé ; convexe ; d'un noir mat et sale. Tête chargée de verrues

*obsolètes ; offrant sur le vertex deux lignes postérieurement convergentes ;
prothorax subarrondi ou obtusément en angle ouvert aux angles postérieurs;
en arc dirigé en arrière à la base ; marqué de points assez gros et peu
profonds; chargé vers les deux cinquièmes d'un relief irrégulièrement transverse, et des trois cinquièmes aux cinq sixièmes de deux reliefs en ligne
longitudinalement oblique. Elytres à dix stries sulciformes et ponctuées.
Intervalles alternes saillants, chargés de tubercules obsolètes : les autres en
arête : les troisième, cinquième et septième plus saillants : les troisième et
cinquième postérieurement lisses : les quatrième, sixième, huitième, neuvième
et dixième plus courts.*

Long. 0,0045 (2 l.). — Larg. 0,0017 (3/4 l.).

Corps suballongé ; convexe ; d'un noir mat et sale. *Tête*
convexement déclive ; obsolètement verruqueuse ; chargée
postérieurement de deux lignes élevées obtuses, convergeant
d'une manière anguleuse sur le vertex. Chaperon entaillé et
déprimé dans le milieu de son bord antérieur; peu sensiblement auriculé. *Palpes* et *Antennes* bruns ou d'un brun rouge.
Prothorax bissinué en devant; paré d'une bordure livide; peu
avancé à ses angles antérieurs qui sont émoussés; arqué sur
les côtés; à peu près aussi larges aux angles antérieurs qu'ils
sont arrondis ou émoussés et en angle très-ouvert; en arc
dirigé en arrière, à la base; garni à cette dernière de soies
livides et grossières; cilié de soies semblables et subdenticulé
sur les côtés ; plus large que long; très-convexe; d'un noir
mat et sale; marqué de points presque confluents assez gros
et peu profonds; chargés de diverses saillies ou reliefs lui-
sants : 1° Sur les deux cinquièmes ou un peu plus de sa longueur, d'une ligne irrégulièrement transversale, plus saillante
sur la moitié médiaire de sa largeur, plus affaiblie et plus rap-
prochée du bord antérieur à ses extrémités, non prolongée
jusqu'au bord externe ; 2° Deux lignes courtes, situées, une
de chaque côté de la ligne médiane, des trois cinquièmes aux
cinq sixièmes de sa longueur, un peu obliquement longitudinales, convergeant en arrière sans s'unir : chacune de ces

lignes presque liées à leur côté externe, par deux lignes transverses, un peu irrégulières, convergeant à leur extrémité
extérieure. *Ecusson* petit; en triangle de moitié plus long que
large; caréné sur son milieu; livide sur ses bords. *Elytres* un
peu plus larges aux épaules que le prothorax à ses angles postérieurs; un peu moins larges que lui dans le milieu de ses
côtés; de deux tiers plus longues que lui; munies d'une petite
dent à l'angle huméral; faiblement élargies en ligne droite
jusqu'aux quatre septièmes, rétrécies ensuite presque en ligne
droite, obtusément arrondies à l'extrémité; rebordées latéralement; convexes; d'un noir mat et sale; à dix sillons ou
stries sulciformes et ponctuées. Intervalles saillants : les
alternes obsolètement tuberculeux : les autres en toit aigu :
les troisième, cinquième et septième plus saillants : le sutural
prolongé jusqu'à l'extrémité : les troisième et septième,
prolongés presque jusqu'à elle et postérieurement unies,
enclosant les quatrième à sixième : le cinquième à peine
moins long : les quatrième et sixième plus courts : les huitième à dixième à peu près aussi courts que le sixième.
Dessous du corps noir; ponctué sur divers points de la poitrine. *Plaque métastenale* longitudinalement sillonnée ; lisse.
Arceaux du ventre séparés chacun par un sillon profond. *Pieds*
d'un brun noir. *Cuisses* antérieures plus renflées; munies
d'une arête à son bord antérieur. *Tibias* antérieurs dilatés;
tridentés à leur côté externe. *Tarses* d'un brun roux ou d'un
roux flave, grêle : premier article des postérieurs aussi long
que les deux suivants réunis.

Cette espèce se trouve dans l'ancienne Provence. Elle a
également été prise en Corse par M. Revelière.

DESCRIPTION

de

TROIS ESPÈCES NOUVELLES DE COLÉOPTÈRES

PAR

E. MULSANT et GODART.

Trypopitys Raymondi.

Suballongé; cylindrique ; d'un brun rouge ; garni de poils fins d'un fauve testacé, prothorax rétréci d'avant en arrière en ligne presque droite sur les côtés; d'un tiers plus court à ceux-ci que sur son milieu ; bissubsinué à la base; plus large que long; convexe. Elytres une fois plus longues qu'elles sont larges réunies; cylindriques; marquées de quatre stries ponctuées juxta-marginales (l'externe prolongée seulement jusqu'à l'extrémité de la poitrine), ponctuées presque striément sur le reste de leur surface (ces points formant environ quatorze rangées irrégulières).

Long. 0ᵐ,0045 à 0ᵐ,0048 (2 l. à 2 l. 1/8.). — Larg. 0ᵐ,0015 à 0ᵐ,0018 (2/3 à 3/4.)

Corps suballongé ; subcylindrique; d'un brun rouge ; garni de poils fins, assez longs, d'un fauve testacé, lui donnant une teinte fauve, en dessus. *Tête* inclinée ; cachée par le pro-thorax; densement pointillé ; garnie de poils d'un fauve tes-tacé. *Labre* en parallélogramme transverse, une fois plus large que long. *Yeux* noirs ; semi-hémisphériques. *Antennes* pro-longées environ jusqu'au tiers des élytres; d'un testacé fla-vescent; à deuxième article court: les troisième à dixième dentés au côté interne. *Prothorax* tronqué ou à peine arqué en devant à son bord antérieur ; à angles antérieurs rectan-gulairement ouverts ; rétréci, d'avant en arrière, en ligne presque droite sur les côtés; d'un tiers plus court à ceux-ci qu'il est long sur son milieu ; presque tronqué à la base, ou

plutôt bissubsinué, avec la partie médiaire un peu anguleusement prolongée en arrière ; très-convexe ; un peu relevé en
rebord sur chaque quart externe de son bord antérieur ; muni
sur les côtés d'un rebord étroit ; sans rebord à la base ; à
peine déprimé au-devant de celle-ci de chaque côté de la
partie médiane ; non caréné sur cette dernière ; d'un brun
rouge ou d'un brun fauve ; pointillé densement et garni d'un
duvet fauve testacé assez épais. *Ecusson* presque carré. *Elytres* à peine aussi larges en devant que le prothorax à ses
angles postérieurs ; parallèles jusqu'aux trois quarts de leur
longueur, arrondies postérieurement ; convexes ; d'un brun
rouge ; garnies de poils d'un fauve testacé ; sensiblement dilatées à leur côté externe jusqu'aux deux cinquièmes de leur
longueur; marquées sur cette partie dilatée d'une strie ponctuée qui s'arrête à l'extrémité de cette dilatation ; notées de
deux ou trois autres stries ponctuées juxta - marginales et
marquées de points plus petits un peu irrégulièrement disposés ou parfois presque sérialement disposés jusqu'à la
suture, en quatorze ou quinze rangées peu distinctes. *Repli*
en forme de tranche. *Dessous du corps* d'un brun rouge ou
d'un rouge brun fauve ; superficiellement pointillé ; garni de
poils plus épais que le dessus. *Partie antéro-médiaire du
premier arceau ventral* en pointe; deuxième arceau plus grand
que chacun des troisième et quatrième : ceux-ci presque
égaux ; le dernier subarrondi postérieurement ; deux fois et
demi aussi large à la base qu'il est long sur son milieu. *Pieds*
de la couleur du dessus du corps ; assez courts. *Cuisses* non
renflées. *Tibias* subcomprimés, presque d'égale grosseur.
Premier article des tarses postérieurs égal aux deux suivants
réunis.

Cette espèce a été trouvée dans les environs d'Hyères,
par M. Raymond, entomologiste plein d'ardeur, à qui l'on
doit déjà d'assez nombreuses découvertes.

Centorus (1) **Lucasi**.

Allongé; d'un brun rouge en dessus, d'un rouge brunâtre en dessous. Epistome à peine échancré en arc. Antennes submoniliformes; noires à la base. Prothorax élargi jusqu'au sixième de ses côtés, rétréci ensuite en ligne droite jusqu'aux trois quarts, et plus sensiblement ensuite; muni d'une très-petite dent à ses angles postérieurs; muni d'un rebord latéral et basilaire; le latéral peu apparent en dessus ; superficiellement pointillé. Elytres à stries finement ponctuées et légères sur la moitié interne, réduites à des rangées striales de points sur la moitié externe de la largeur, oblitérées à l'extrémité. Intervalles superficiellement pointillés. Repli sillonné postérieurement. Pieds d'un rouge brunâtre.

Long. 0ᵐ,0078 (3 l. 1/2). — Larg. 0ᵐ,0015 (2/3 l.).

Corps allongé; d'un brun rougeâtre, luisant, en dessus. *Tête* peu convexe ou planiuscule; superficiellement poin-. tillée presque indistinctement sur le front ; un peu échancrée à la partie antérieure de l'épistome ; à suture frontale arquée en arrière, presque indistincte. *Antennes* noires à la base, graduellement brunes ou d'un brun rougeâtre à l'extrémité; à deuxième article court : le troisième une fois environ plus long : les quatrième à sixième obconiques à peine aussi longs que larges : les septième à dixième cupiformes, un peu plus larges, moins longs que larges : le onzième suborbiculaire, déprimé. *Yeux* noirs ; en ovale transverse, paraissant semiglobuleux, quand l'insecte est vu en dessus. *Prothorax* très-faiblement échancré en arc à son bord antérieur ; élargi en ligne courbe depuis les angles de devant jusqu'au sixième ou au cinquième de ses côtés, graduellement rétréci ensuite jusqu'aux trois quarts, puis un peu plus sensiblement jus-

---

(1) Le sous-genre *Centorus* établi (*Hist. nat. des Coléopt. de Fr.* (Latigènes) p. 272) pour diviser le genre *Calcar*, nous semble devoir être admis comme division générique. Les Centores s'éloignent des Calcars non-seulement par la tête engagée dans le prothorax jusqu'aux yeux et par la forme de ces organes, mais encore par leur prothorax rétréci d'avant en arrière à partir du cinquième ou un peu moins de sa longueur.

qu'aux angles postérieurs : ceux-ci plus ouverts que l'angle droit, et munis d'une très-petite dent; sensiblement arqué en arrière au bord postérieur; muni d'un rebord latéral très-étroit et peu apparent en dessus ; muni d'un rebord basilaire étroit; d'un cinquième plus long qu'il est large dans son diamètre transversal le plus grand; très-faiblement convexe ; presque lisse, superficiellement pointillé. *Ecusson* presque en demi-hexagone, c'est-à-dire parallèle près de la base, anguleusement rétréci ensuite ; lisse. *Elytres* séparées du prothorax par un espace médiocrement long; échancrées à la base (prises ensemble) en arc dirigé en arrière ; subparallèles jusqu'aux trois quarts de leur longueur, en ogive postérieurement ; à dix stries légères et marquées de points petits près de la suture, à peu près réduits à des rangées striales de points sur la moitié externe, et oblitérés à l'extrémité ; offrant une strie rudimentaire depuis les côtés de l'écusson jusqu'au dixième ou huitième de leur longueur. *Intervalles* plans; superficiellement pointillés. *Repli* sillonné sur ses deux cinquièmes postérieurs ; non embrassé par le troisième arceau ventral. *Dessous du corps* d'un rouge brun ou brunâtre ; un peu granuleux sur les côtés de l'antépectus, pointillé sur le ventre. *Prosternum* rebordé; graduellement élargi d'avant en arrière; tronqué à sa partie postérieure. *Quatrième arceau ventral* presque aussi grand que le troisième. *Pieds* de la couleur du dessous du corps.

Patrie : L'Algérie. Nous nous faisons un plaisir de la dédier à M. Lucas, à qui l'on doit la Faune des insectes de nos possessions africaines.

Obs. Cette espèce s'éloigne du *Centorus procerus* par sa taille plus avantageuse; par ses antennes plus noueuses, à troisième article plus long proportionnellement au troisième; par les articles suivants plus noueux; par son prothorax rétréci en ligne plus droite depuis le sixième ou cinquième jusqu'aux trois quarts de ses côtés; par les faibles stries de ses élytres, réduites sur la moitié externe à des rangées striales de points

et oblitérées à l'extrémité; par leur repli sillonné sur son
tiers ou sur ses deux cinquièmes postérieurs; par le quatrième
arceau de son ventre moins petit; par sa couleur plus claire.

Genre *Calypterus*, Calyptère.

CARACTÈRES. *Antennes* insérées près du côté interne antérieur des yeux. De onze articles; le premier, graduellement
renflé, arqué, le plus long; le deuxième court, moniliforme;
le troisième anguleusement dilaté dans le milieu de son côté
interne, plus long que large; les quatrième à dixième fortement en dent de scie à leur côté interne; les quatrième à
sixième un peu plus larges chacun qu'ils sont longs; les septième à dixième au moins aussi longs qu'ils sont larges à l'extrémité. *Tête* perpendiculaire ou inclinée; invisible quand l'insecte
est vu en dessus. *Mandibules* larges à la base, triangulaires,
bidentées à l'extrémité. *Labre* linéairement transverse; enclos
entre l'épistome et les mandibules. *Palpes maxillaires* à dernier article allongé, graduellement un peu élargi dans son
milieu, rétréci en pointe à ses extrémités. *Prothorax* cuculliforme, encapuchonnant la tête jusqu'aux yeux; arrondi aux
angles postérieurs; une fois au moins aussi large que long.
Écusson presque carré. *Élytres* de moitié ou de deux
tiers plus longues qu'elles sont larges réunies. *Repli* réduit
à une tranche. Ventre de cinq arceaux. *Pieds* assez courts.
Hanches antérieures allongées contiguës : hanches intermédiaires contiguës. *Tarses* à premier article des quatre
antérieurs un peu plus longs que le deuxième; premier et
deuxième des postérieurs égaux, aussi longs, pris ensemble,
que les trois suivants réunis.

Ce genre nouveau, qui fait partie de la famille des Anobiens,
s'éloigne de toutes les autres coupes de la même famille, par
les divers caractères ci-dessus indiqués.

C. sericans.

Subcylindrique : fauve en dessus et revêtu d'un duvet fin et soyeux

*plus pâle : dix derniers articles des antennes et dessous du corps, noirs.
Prothorax cuculliforme; bissubsinué à la base ; subdéprimé au-devant de
chaque subsinuosité. Ecusson presque carré. Elytres à onze stries, étroites et
ponctuées ; la onzième ou juxta-marginale prolongée seulement jusqu'à
l'extrémité du postpectus : les cinq premières arquées en dehors à la base.
Cuisses fauves. Tibias et tarses plus pâles : premier et deuxième articles de
ceux-ci presque égaux.*

Long. 0^m,0033 (1 l. 1/2). — Larg. 0^m,0011 (1/2 l.).

Corps peu allongé ; subcylindrique ; d'un fauve testacé et
revêtu d'un duvet fin et soyeux plus pâle en dessus. *Tête*
perpendiculaire ou inclinée, invisible quand l'insecte est vu
perpendiculairement en dessus ; subconvexe ; chargée d'une
ligne longitudinalement médiane très-légère, prolongée depuis
la partie antérieure de l'épistome, presque jusqu'au vertex ;
rayé sur celui-ci d'une ligne longitudinale peu profonde; fauve;
garnie d'un duvet fin, soyeux, très-court et couché ; presque
impointillée. *Epistome* peu distinctement séparé du front ;
échancré en devant, obliquement coupé sur les côtés.
Labre linéairement transverse ; faiblement échancré en devant. *Mandibules* fauves, avec l'extrémité noire ; étroitement rebordées en devant. *Yeux* noirs. *Antennes* prolongées environ jusqu'au tiers des élytres; noires, avec le premier
article fauve; dentées au côté interne à partir du quatrième
article. *Prothorax* encapuchonnant la tête, avancé sur celle-
ci jusqu'aux yeux; tronqué ou légèrement arqué en devant
à son bord antérieur; subparallèle sur les côtés jusqu'à la
moitié, puis rétréci en ligne courbe jusqu'aux angles postérieurs qui sont arrondis; tronqué ou plutôt bissubsinuément
un peu arqué en arrière à son bord postérieur; deux fois
et quart aussi large à la base qu'il est long sur son milieu;
étroitement relevé en rebord sur les côtés, à peine rebordé
à la base; très-convexe; fauve; presque impointillé; marqué
au-devant de sa base, de chaque côté de la ligne médiane,
d'une dépression assez légère, presque semi - circulaire,

s'avançant à peine jusqu'à la moitié de la longueur ;
revêtu d'un duvet fin et soyeux, formant une sorte d'arête
ou d'épi, naissant du milieu de la base, puis se divisant en
deux branches limitant au côté interne et en devant les
dépressions précitées. *Ecusson* presque carré; un peu plus
long que large ; fauve ; soyeux. *Elytres* à peine aussi larges
en devant que le prothorax à ses angles postérieurs; paraissant en dessus subparallèles jusqu'aux trois cinquièmes ou
un peu plus, et obtusément arrondies postérieurement ; mais
arrondies et déclives à l'angle huméral; élargies et subparallèles sur les côtés de la poitrine, sinueuses à l'extrémité du
postpectus et sensiblement rétrécies dans ce point; convexes;
fauves; revêtues d'un duvet plus pâle, fin, couché, soyeux;
rayées chacune de onze stries étroites, marquées de points
médiocrement ou peu apparents et ne crénelant pas les intervalles; notées, en outre, d'une strie juxta-suturale prolongée à
peine jusqu'au cinquième de la longueur des étuis ; les cinq
premières courbées en dehors depuis la base jusqu'au quart
de leur longueur : la cinquième, passant sur une légère fossette humérale : la onzième ou juxta-marginale, nulle après
l'extrémité du postpectus : les septième et huitième unies en
devant et non avancées jusqu'à la partie antérieure du calus :
les trois premières postérieurement oblitérées et n'arrivant pas
jusqu'à l'extrémité : les sixième et septième plus courtes, prolongées jusqu'aux trois quarts et encloses par les cinquième et
huitième qui sont postérieurement unies : les neuvième et
dixième, prolongées postérieurement jusqu'au niveau de l'extrémité de la troisième. *Intervalles* plans; presque impointillés. *Dessous du corps* noir; superficiellement pointillé; revêtu
d'un duvet gris cendré, soyeux, luisant. *Pieds* assez courts;
pubescents ; d'un fauve testacé, avec les cuisses fauves ou
d'un fauve obscur; cuisses non renflées ; tibias grêles ; premier et deuxième articles des tarses presque égaux, plus
longs, pris ensemble, que les trois suivants réunis.

Cette espèce se trouve dans les environs de Narbonne (Aude).

DESCRIPTION

de

LA LARVE DU PRINOBIUS GERMARI

par

E. MULSANT et REVELIÈRE.

LARVE. — *Corps* composé outre la tête de douze anneaux.
Tête enchâssée dans le prothorax; d'un tiers au moins plus
étroite que lui; offrant sa partie postérieure transversale; rayée
d'une ligne longitudinale médiane; d'un blanc livide; marquée
d'une tache obtriangulaire noire, à la partie antérieure de la
ligne médiane, et d'une autre tache plus grande près de la
base des mandibules; échancrée derrière la base des antennes.
Epistome en parallélogramme transverse; d'un blanc livide.
Labre aussi large que l'épistome; en ovale transverse ; d'un
blanc livide, avec la partie postérieure brunâtre ou nébuleuse, et la partie antérieure garnie de poils épais, d'un
roux mi-doré. *Mandibules* cornées; fortes; noires : celle de
gauche obtusément bifide ; celle de droite obtuse à l'extrémité. *Mâchoires* submembraneuses ; livides ; à un seul lobe;
garnies à leur côté interne et sur la moitié interne de leur surface, de poils rosats mi-dorés. *Palpes maxillaires* submem-
braneux ; coniques; de quatre articles graduellement plus
étroits ; courts : les deux premiers annuliformes, livides: le
troisième cylindrique plus large que long; le quatrième étroit,
cylindrique; ces deux derniers rosats. *Menton* submembra-
neux; presque aussi long qu'il est large sur son milieu; livide;
garni en devant de poils d'un rosat mi-doré. *Antennes* submembraneuses; coniques; insérées au-dessus de la base des
mandibules; courtes, dépassant à peine la partie antérieure
du labre; de quatre articles : le basilaire, gros, livide; le deuxième presque confondu avec le précédent, court, rosat : le

troisième cylindrique, un peu plus long que large, rosat brunâtre à la base, livide à l'extrémité, terminé de chaque côté
par une soie livide : le quatrième plus long que large, plus
étroit, cylindrique à la base, en coin à l'extrémité, d'un rosat
brunâtre. *Ocelles* nuls ou indistincts. *Corps* composé de
douze anneaux; d'un blanc de graisse; offrant une ligne longitudinale légèrement bleuâtre, formée par le vaisseau dor-
sal, depuis le quatrième segment jusqu'à l'extrémité du
dixième; tétragone jusqu'au neuvième segment, presque
semi-cylindrique sur les autres; graduellement rétréci depuis
le segment prothoracique jusqu'au sixième ou septième, subparallèle sur les huitième à onzième, un peu élargi sur le dernier;
chargé sur le dos des quatrième à dixième segments, d'une
sorte de relief transverse, paraissant divisé en deux par la
ligne longitudinale bleuâtre, occupant la moitié médiaire de
la longueur et les trois quarts médiaires de la largeur du dos
de chaque segment : ces reliefs peu ou points saillants sur les
quatrième à septième anneaux, mais constituant sur chacun
des huitième à dixième un tubercule rétractile servant à la
progression de la larve : le segment prothoracique de moitié
environ plus large que long, du moins aussi long que les trois
suivants réunis, de deux cinquièmes plus large que la tète,
sinuément déclive en devant, marqué sur cette partie déclive
de points peu rapprochés, donnant naissance à un poil court
et roussâtre ; d'un blanc de graisse ou à peine flavescent ;
chargé de chaque côté d'une partie ovalaire, légèrement convexe, plus lisse, d'un flave pâle. Deuxième et troisième
arceaux thoraciques courts, près de six fois aussi larges que
longs : les quatrième, cinquième et sixième, un peu moins
courts : les septième à dixième près d'une fois moins courts
que le douzième; le onzième à peine égal au sixième : le
douzième une fois plus large que long, arrondi postérieurement, avec l'extrémité terminée par trois petits lobes ou bour-
soufflures : le supérieur transverse, arrondi presque en demi-
cercle: les deux autres accolés au-dessous du précédent : ces

lobes limitant l'ouverture anale, et séparés par deux sillons
disposés en forme de T. *Dessous du corps* offrant sur les sixième
à neuvième anneaux deux mamelons rétractiles et un seul
sur le milieu du dixième; les onzième et douzième lisses.
Pieds disposés par paires sous chacun des anneaux thoraciques, très-courts; coniques; paraissant composés de trois
pièces garnies de poils soyeux d'un flave roussâtre; la première pièce plus grosse, courte, annuliforme; la deuxième
plus étroite, subcylindrique, à peine aussi longue que large :
ces deux pièces d'un flave roussâtre : la troisième conique,
livide, presque cachée par les poils de la deuxième. *Stigmates*
au nombre de neuf de chaque côté; d'un roux foncé; le premier ovale - oblong, beaucoup plus gros que les autres,
situé entre l'anneau prothoracique et le métathoracique, sur
la partie latérale intermédiaire entre les pieds et les autres
stigmates : ces derniers situés sur chacun des quatrième à onzième segments.

Long. 0^m,0550 (20 l.)

DESCRIPTION

d'une

ESPÈCE NOUVELLE DE COLÉOPTÈRE

DU GENRE PSAMMODIUS

PAR

E. MULSANT et Alex. WACHANRU.

————o o————

Psammodius scutellaris.

*Oblong; convexe; brun ou d'un brun rougeâtre. Tête papilleuse avec sa
partie postérieure lisse, chargée de quatre lignes dirigées par paire d'une
manière convergente en arrière : les deux médiaires presque unies sur le
vertex. Prothorax élargi d'avant en arrière, denticulé et garni de cils soyeux
sur les côtés; en arc bissubsinué dirigé en arrière à la base; creusé de quatre
sillons transverses et grossièrement ponctués, séparés par des intervalles
convexes et saillants; à peine sillonné sur la moitié postérieure de sa ligne
médiane. Ecusson rayé d'une ligne sur son milieu. Elytres à stries légères
et imponctuées. Intervalles plans, impointillés.*

Long. 0^m,0045 (2 l.)—Larg. 0^m,0015 (2/3 l.) à la base des élytres ; 0^m,0022
(1 l.) dans la plus grande largeur de celles-ci.

Corps oblong ; brun ou d'un brun rougeâtre ; luisant en
dessus. *Antennes* plus pâles, *Tête* convexe ; légèrement rebordée en devant; entaillée dans le milieu de son bord antérieur ; verruqueuse ou papilleuse ; avec sa partie postérieure
lisse ; chargée de chaque côté, au-devant de cette partie
postérieure, de quatre lignes en reliefs obliquement dirigées
par paire d'une manière convergente en arrière : les deux
médiaires aboutissant presque au vertex, où elles restent assez
distantes l'une de l'autre : les deux autres plus externes, notablement moins convergentes , moins marquées. *Prothorax* un
peu arqué en devant et sinué près des angles; élargi d'avant en

arrière; denticulé et garni de poils allongés blonds et soyeux sur les côtés ; arrondi aux angles postérieurs ; en arc légèrement bissinué et dirigé en arrière à la base ; une fois plus large qu'il est long sur son milieu; convexe; luisant; creusé de quatre sillons transverses n'aboutissant pas au bord externe, marqués de points peu grossiers et séparés chacun par un intervalle convexe; offrant à peine, sur la seconde moitié de sa ligne médiane les traces d'un sillon longitudinal. *Ecusson* en triangle un peu plus long que large ; rayé d'une ligne longitudinale médiane. *Elytres* à peu près aussi larges aux épaules que le prothorax à ses angles postérieurs ; deux fois et demie aussi longues que lui ; subgraduellement élargies jusqu'aux trois cinquièmes de leur longueur, subarrondies postérieurement; convexes ; à dix stries légères ou peu profondes et sans traces de points : les huitième et neuvième un peu raccourcies en devant et n'arrivant pas jusqu'à la base : les quatrième et cinquième plus courtes, prolongées environ jusqu'aux quatre cinquièmes et encloses par les troisième et sixième : la huitième, ordinairement non prolongée jusqu'à l'extrémité. *Intervalles* plans ; impointillés. *Dessous du corps* et *pieds* bruns ou d'un brun rougeâtre ; garni de poils blonds, fins et peu épais. *Cuisses*, les postérieures surtout, renflées. *Tibias* antérieurs à trois dents : les postérieurs dentés sur leur tranche externe ; éperons desdits tibias épais ; l'interne, plus long que les deux premiers articles des tarses, ou aussi long que les trois premiers : le premier de ceux-ci, élargi d'avant en arrière à son côté externe, un peu plus long qu'il est large à son extrémité.

Cette belle espèce se trouve à Fos, près de Marseille.

Obs. Peut-être cet insecte serait-il le *Ps. rugicollis* de Ziégler, indiqué plutôt que décrit par Erichson, dans son Histoire naturelle des insectes de l'Allemagne.

DESCRIPTION

D'UNE

ESPÈCE NOUVELLE DE COLÉOPTÈRE

de la Famille des Mélolonthins

par

E. MULSANT.

Amphimallus Naceyroi.

D'un roux flavescent ou testacé. Tête ponctuée; mi-hérissée de poils blonds; à deux carènes transversales sur le front. Prothorax élargi assez fortement jusqu'à la moitié, plus faiblement rétréci ensuite; en angle très-ouvert et dirigé en arrière à la base; marqué de points médiocres; garni de longs poils blonds, voilant postérieurement l'écusson. Celui-ci uniformément marqué de points assez rapprochés et garni de poils. Elytres ruguleusement · ponctuées, à trois ou quatre nervures; garnies de poils clairsemés près de la base. Propygidium glabre. Pygidium ponctué; glabre.

♂ Massue des antennes plus longues que les cinq articles précédents réunis. Ventre déprimé ou sillonné longitudinalement; parsemé de poils clairsemés. Tibias antérieurs tridentés sur leur tranche externe : les deux premières dents très-faibles; celle de l'angle antéro-externe allongée.

♀ Inconnue.

Long. 0ᵐ,0123 (5 l. 1/2). — Larg. 0ᵐ,0056 (2 l. 1/2).

Corps oblong ou suballongé; convexe; d'un roux flave ou testacé, avec les yeux noirs. *Tête* d'un roux testacé: grossièrement et peu profondément ponctuée; hérissée sur le front de poils blonds, soyeux; chargée, sur le front, de deux carènes transversales. *Epistome* concave ou relevé en rebord; à bord brun; subéchancré ou subsinué dans le milieu de son bord antérieur, avec les angles arrondis. *Yeux* noirs ; globuleux ; entamés par un canthus étroit. *Antennes* de neuf articles; le troisième moins long que le quatrième; les trois derniers constituant une massue feuilletée. *Prothorax* tronqué ou à peine échancré en arc en devant ; à angles antérieurs très-ouverts ; élargi fortement depuis les angles jusque vers la moitié de ses côtés, plus faiblement rétréci ensuite ; en angle très-ouvert et dirigé en arrière à la base avec les côtés de cet angle faiblement arqués en devant ; près de deux fois et demie aussi large à celle-ci qu'il est long sur son milieu ; convexe ; à peine rebordé ou muni d'un rebord très-étroit et denticulé sur les côtés et à la base ; cilié latéralement ; garni sous la moitié ou les deux tiers médiaires de son bord postérieur de poils blonds, soyeux, graduellement plus longs sur l'écusson qu'ils voilent presque complétement; d'un roux testacé, avec les côtés pâles et noté près du milieu des bords latéraux d'une tache obscure ; marqué de points médiocres, assez rapprochés, donnant chacun naissance à un poil blanc, long, soyeux, mi-relevé. *Ecusson* en triangle au moins aussi long que large ; à côtés légèrement curvilignes ; d'un roux testacé ; marqué de points rapprochés peu profonds, légèrement râpeux, donnant chacun naissance à un poil blanc. *Elytres* à peine plus larges en devant que le prothorax à ses angles postérieurs ; près de trois fois aussi longues que lui sur son milieu; faiblement élargies jusqu'aux trois cinquièmes, arrondies à leur partie postéro-externe et tronquées à leur extrémité ; munies d'un rebord marginal étroit et cilié ; peu fortement convexes ; d'un roux flavescent; ruguleuses ou peu unies, marquées de points peu rapprochés et notablement plus gros que ceux du prothorax ; garnies près de la base de poils longs et clairsemés, presque glabres postérieurement ou garnis de poils courts, fins et peu ou point distincts; chargées chacune de trois ou quatre nervures longitudinales; la première ou suturale, graduellement élargie, prolongée à peu près jusqu'à l'extrémité ; la deuxième correspondant presque au milieu de la base, plus grosse que la troisième, séparée de la suturale par un espace large en devant, graduellement rétréci, un peu moins longuement prolongée en arrière que cette dernière ; la troisième étroite, aboutissant à la fossette humérale, s'oblitérant postérieurement; la quatrième souvent peu distincte ; rayées chacune de six ou sept lignes ou stries rendant plus évidentes les nervures qu'elles bordent. *Propygidium* glabre, en partie à découvert. *Pygidium* presque obtriangulaire, à côtés curvilignes; rebordé; marqué de points assez gros ou médiocres et médiocrement rapprochés. *Dessous du corps* d'un roux testacé ; revêtu sur la poitrine de longs poils blonds ; lisse, parcimonieusement ponctué et garni de poils courts et clairsemés sur le ventre ; celui-ci ordinairement d'un roux testacé livide. *Pieds* d'un roux fauve ou testacé. *Cuisses* ponctuées.

PATRIE : Les environs de Tolède, dans la nouvelle Castille.

Cette belle espèce a été découverte par M. l'abbé Francisco de Los Rios Naceyro, curé de Manôsa, le savant auteur de *l'Ornithologie de la Galice*, à qui je me fais un bonheur de la dédier.

ERRATA.

Page 52, PHALERIA REVEILLIERII, lisez : REVELIERII

TABLEAU MÉTHODIQUE

DES

BLAPSTINITES.

———

1re Branche , **Platylaires.**

PLATYLUS, *Mulsant et Rey*.

Dilatatus, *Fabricius*.   L'île Saint-Thomas.

DIASTOLINUS, *Mulsant et Rey*.

Clathratus, *Fabricius*.   Amérique méridionale.
Perforatus, *Schœnherr*.   Les Antilles, etc.
Sallei (*Chevrolat*), *Mulsant et Rey*.   Saint-Domingue.
Puncticollis (*Chevrolat*), *Muls. et Rey*.   Id.
Costipennis (*Chevrolat*), *Muls. et Rey*.   Id.
Waterhousii, *Mulsant et Rey*.   Cuba.
Clavatus (*Chevrolat*), *Muls. et Rey*.   L'île Saint-Thomas.
Curtus (*Deyrolle*), *Mulsant et Rey*.   L'île Curaçao.

PEDONŒCES, *Waterhouse*.

Galapagœnsis , *Waterhouse*.   Les îles de Galapagos.

NOTIBIUS, *Leconte*.

Granulatus, *Leconte*.   Californie.

LACHNODERES, *Mulsant et Rey*.

Pubescens, *Waterhouse*.   Les îles de Galapagos.

SELLIO, *Mulsant et Rey*.

Coarctatus (*Chevrolat*), *Muls. et Rey*.   Saint-Domingue.
Tibidens, *Schœnherr*.   Les Antilles, etc.

2ᵉ Branche, **Blapstinaires.**

CENOPHORUS, *Mulsant et Rey*.

Viduus (*Chevrolat*), *Muls. et Rey*.   Saint-Domingue.

BLAPSTINUS, *Waterhouse*.

Puncticeps (*Chevrolat*), *Muls. et Rey*.   Cuba.
Striatulus (*Chevrolat*), *Muls. et Rey*.   Antilles.
Opacus (*Perroud*), *Mulsant et Rey*.   Guadeloupe.
Punctatus, *Fabricius*.   Antilles.
Pulverulentus, *Mannerheim*.   Californie.
Luridus (*Chevrolat*), *Muls. et Rey*.   États-Unis.

LODINUS *Muls. et Rey*.

Nigro-æneus, *Mulsant et Rey*.   Amérique méridionale.

3ᵉ Branche, **Conibiaires.**

CONIBIUS, *Leconte*.

Seriatus, *Leconte*.   Californie.

TABLE ALPHABÉTIQUE

BLAPSTINITES

(Extrait des *Annales de la Société impériale d'agriculture, d'histoire naturelle et des arts utiles de Lyon, 1859.*)

Ouvrages du même Auteur :

HISTOIRE NATURELLE DES COLÉOPTÈRES DE FRANCE.
— LONGICORNES. *Paris*. 1839. 1 vol. in-8.
— LAMELLICORNES. *Paris*. 1842. 1 vol. in-8.
— PALPICORNES. *Paris*. 1844. 1 vol. in-8.
— SULCICOLLES. — SÉCURIPALPES. *Paris*. 1846. 1 vol. in-8.
— LATIGÈNES. *Paris*. 1854. 1 vol. in 8.
— PECTINIPÉDES. *Paris*. 1855. 1 vol. in-8.
— BARBIPALPES. — LONGIPÈDES. — LATIPENNES. *Paris*. 1856. 1 vol. in-8.
— VÉSICANTS. *Paris*. 1857. 1 vol. in-8.
— ANGUSTIPENNES. *Paris*. 1858. in-8.

SPÉCIÈS DES COLÉOPTÈRES TRIMÈRES SÉCURIPALPES. *Lyon* et *Paris*. 1850-1851. 1 vol. en deux parties, grand in-8.

OPUSCULES ENTOMOLOGIQUES, grand in-8.
— 1er cahier. 1852.
— 2me cahier. 1853.
— 3me cahier. 1853.
— 4me cahier. 1853.
— 5me cahier. 1854.
— 6me cahier. 1855.
— 7me cahier. 1856.
— 8me cahier. 1858.

COURS D'HISTOIRE NATURELLE (Zoologie). 1856. in-8.
— — (Physiologie). 1858. in-8.

COURS D'HISTOIRE NATURELLE ÉLÉMENTAIRE (Zoologie). 1859. gr. in-16.

Sous presse :

HISTOIRE NATURELLE DES COLÉOPTÈRES DE FRANCE.
— HÉTÉROMÈRES (Suite et fin).
— PORTE-BECS.

OPUSCULES ENTOMOLOGIQUES. grand in-8.
— 10e cahier.

COURS D'HISTOIRE NATURELLE (Botanique et Géologie).

LYON. — Impr. de BARRET, rue Gentil, 4.

www.ingramcontent.com/pod-product-compliance
Lightning Source LLC
Chambersburg PA
CBHW061342060726
47597CB00003B/689